激光造物
系列丛书

U0280295

激光切割
与
开源机器人制作

郭 力 陈付军 温 良
寿芳琴 隋杰峰 ◎ 编著

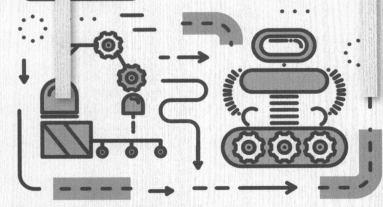

激光切割设计，
零基础入门；

非编程遥控板，
初学者友好；

游乐主题创作，
沉浸式体验。

人民邮电出版社

北京

图书在版编目（CIP）数据

激光切割与开源机器人制作 / 郭力等编著. -- 北京：
人民邮电出版社，2024.5
　　（激光造物）
　　ISBN 978-7-115-63397-2

　　Ⅰ. ①激… Ⅱ. ①郭… Ⅲ. ①激光切割②机器人控制
Ⅳ. ①TG485②TP242

中国国家版本馆CIP数据核字(2023)第249423号

内 容 提 要

　　本书主要介绍使用 LaserMaker 激光建模软件进行作品结构设计，并将激光切割结构零件与开源机器人套件结合，作者把晦涩难懂的结构知识融入有趣的项目中，在做中学、玩中学的同时激发读者创造力和想象力。

　　本书包括两部分：第一部分是基础篇，主要介绍激光建模软件的基础用法，带你从零开始学习如何使用激光建模软件设计一个专属的游乐场，并将设计图纸加工出来，体验从设计到加工的全过程；第二部分是进阶篇，在基础篇的基础上综合使用各种建模技巧，为游乐场的扩建提供工程设备，完成来自故事中外太空的任务。

　　本书面向科创教育师生及喜欢动手的人群，可作为学习激光切割技术、创客造物的入门读物。

◆ 编　　著　郭　力　陈付军　温　良　寿芳琴　隋杰峰

　　责任编辑　哈　爽

　　责任印制　马振武

◆ 人民邮电出版社出版发行　　北京市丰台区成寿寺路 11 号

　　邮编　100164　　电子邮件　315@ptpress.com.cn

　　网址　https://www.ptpress.com.cn

　　北京天宇星印刷厂印刷

◆ 开本：775×1092　1/16

　　印张：11　　　　　　　　　　　　2024 年 5 月第 1 版

　　字数：200 千字　　　　　　　　　2024 年 5 月北京第 1 次印刷

定价：89.80 元

读者服务热线：(010)53913866　印装质量热线：(010)81055316
反盗版热线：(010)81055315
广告经营许可证：京东市监广登字 20170147 号

序一

　　有幸提前读到创客爸爸——郭力等编著的《激光切割与开源机器人制作》，深感喜悦，因为这是以科创教育同行者为牵引力量编撰和出版的第一本书，值得高兴和祝贺！

　　自 2016 年全国掀起科创教育热潮以来，激光切割技术以其 DIY 造物的效率和创意物化的效果，受到先行者的认可，并通过分布式推广慢慢步入人们的视野。我是激光造物科创教育的推动者之一，基于长期开展的技术实训经验，我认为中小学生实践创新能力的提升，依赖于教师对新技术、创新实践和创新方法的引介，依赖于师生的共同研习，即教师强则学生强。而我推动教师的策略就是培养"雁队式种子教师"，让这些"雁队式种子教师"不断通过自身的实践，将隐性知识通过雁队式团队作品交流、经验交流及师生交流实现技术经验和创新形态的扩散。因而，自 2018 年吴俊杰博士生牵头提出开源机器人的想法，启动 LaserBlock 项目后，我便致力于在激光造物的领域中挖掘其在中小学科创教育的研究载体和教学载体。

　　在科创教育兴起初期，有探索者提出过"面向产品设计"的教育理念，这是一种指向工业设计的创新创业能力提升的培养策略，可惜经过几年的发展，具备这种教育能力的人尚显贫缺。一方面，在工业生产中，被我们称为"技术"的实际上是一系列知识与工具的庞大集合，其中既包含图纸、手册、代码等能够被语言和图形符号总结、清晰表述的书面知识，也包含流程、方法和工艺诀窍等难以被总结、描述的技艺型经验知识。有专家称前者为显性知识，称后者为隐性知识或缄默知识。在工业产品设计与生产中，只有显性知识是不够的，还需要有大量的支撑优质产品生产的隐性知识。这些知识的生成还跟我们的学习环境、生产制造环境密切相关。

　　由此可见，技艺是影响和决定成品优劣的技术黑箱。我们需要解决两大问题，一是如何揭开技术的黑箱，二是如何研习秘技。问题一涉及谁去、谁能去揭开技术的黑箱？就是那些能做出优质成品的人。问题二，如何才能研习成功秘技并通过口手授艺相传，使技术创新得以扩散？师徒结对，具身学习、具身传播。当技术创新得以在内部分享和向外扩散时，追赶和赶超就成为一种自发的行为。

　　科创教育同行者，就是致力于解决这些问题的一群人。他们因对激光造物的热爱自发走到了一起，有组织地开展了一系列授艺活动，同时分享对激光造物的实践经历和故事，例如北京市信息管理学校的白正超老师、广州红棉团队的我和高伟光老师，以及本书的主要编者郭力老师。

认识郭力老师，是在网上听他的视频课，"创客奶爸"是他的昵称，高超的技术和亲民的暖爸形象使他获得了科创教育圈不少粉丝的追捧。我被郭力老师吸引，是因为看到了他在全国第一届激光造物大赛中制作的"核桃的力量"这一创客作品。他制作了一个压裂核桃的压力测量仪，用视频完美呈现了"发现问题—提出假设—设定实验方案—开展实验—得出结论"这样一个科学探究的实验过程。他就是我想要看到的优质造物者。

在这本书中，多位科创教育同行者分享了自己的造物案例，完成幸运大转盘、旋转木马、水上游船等项目，揭示激光建模的过程，这对于不少爱好激光造物但缺乏参考方法的实践者而言，是有研习、借鉴意义的。

"天工人其代之""开物成务"，在历史长河中，伴随着科学技术的发展，传统工艺展现了人类社会在不同时代、不同地域的文化多样性，有了文化多样性才能有良好的文化生态。如今，激光切割技术早已在工业生产、广告业等领域得到广泛应用，但在教育领域仍是新鲜事物，它随着创客技术与传统科技创新活动的逐步融合，演化成以数智化造物技艺为核心代表的新科创实施载体，衍生出各种新艺术形态的实用型或艺术型物品，成为新时代创新创业代表技艺的佼佼者，为师生跨学科综合素养的培养提供了路径，为中小学科学教育加法落地赋能，使工程教育取向的教育科普和人才培养有更值得期待的未来。

推荐此书，是为序。

广东省特级教师、红棉创客空间创始人、

广州市电化教育馆教研员　龙丽嫦

2023 年 10 月

序二

你是否曾经想过，用一束激光，就能创造出属于你的世界？

在科技创新日新月异的时代，激光加工技术以其精准、高效、多样的特点，为中小学科创教育提供了无限的可能性。如何让学生掌握这一技术，并运用它来实现自己的创意，是本书要解决的问题。

本书是一本激光造物的入门书，旨在帮助中小学师生学习和使用 LaserMaker 激光建模软件，从而开展数字化加工方式的制作实践活动。本书不仅介绍了软件的基本功能和操作方法，还通过一个个有趣的设计案例，引导读者体验从想法到图纸再到成品的全过程，培养读者运用数字化建模方式来思考并解决问题的能力。

本书由具有多年科技创新教育经验的团队撰写，结合了他们在教学、研究中的心得和体会。本书有以下几个特点。

● 本书采用了一个平行时空设计师的故事背景，让读者沉浸式地体验设计师视角，从接受任务、分析问题、形成思路到完成设计，整个项目形成闭环，增强了读者的参与感和代入感。

● 本书规划了由浅入深、由易到难、由简单到复杂的学习路径，适合不同水平和兴趣的读者选择。每一项目都是一个完整的作品案例，涵盖了生活中常见或有趣的主题，如摩天轮、套圈、纪念章等。

● 本书推动了虚实结合的造物实践，不仅教授了如何在计算机上设计图纸，还介绍了如何在现实中加工和组装成品。每一项目都配有翔实的图片和文字说明，让读者一步一个脚印地跟随操作，最终得到自己满意的作品。

培养创新精神和创新能力是知识经济时代赋予教育的使命，是 21 世纪的中国实施素质教育的重心和着力点。希望本书能够成为科技教师和学生学习激光造物的好伙伴，让更多人享受到激光造物带来的乐趣和收获，让梦想插上翅膀，让创新之星在祖国大地处处闪耀。

天津师范大学科学教育中心主任

唐耀辉

2023 年 11 月

序三：像机器人一样思考

西摩·佩珀特在设计 Logo 语言的时候，有一个基本的学习假设，就是让人像计算机一样思考，这客观上影响了马文·明斯基对于人工智能教育的认识，并且影响了计算思维的提出。佩珀特还设计了一个小乌龟机器人，能够像计算机屏幕上的 Logo 小乌龟一样完成前进、后退、左转、右转的基本指令，并且在屏幕上画出轨迹。让人像计算机一样思考这一思路与让中小学生学习计算机编程的初衷是一样的，当网络时代到来，尼古拉斯·尼葛洛庞帝所主导的"一个孩子一台笔记本计算机（OLPC）"项目，则是这一美好愿望的又一次尝试。教育是在让学生们适应现在的社会，还是让学生们去创造未来的社会？

我们需要让机器人成为我们学习的伙伴。原来我们会让学生去设计一个机器人，这个过程仿佛在引导学生经历一次工业革命的发展史，首先是机械结构的设计，例如掌握圆周运动的原理，然后设计机械结构将圆周运动转化为摆动、曲线运动，或者直线运动、往复运动，这几乎是第一次工业革命时期无数机械工程师和物理学家沉迷的伟大魔术。当然，现代的机器人设计，可以从电机做起，直接进入第二次工业革命，即电气革命的时代，这个阶段的麦克斯韦方程使我们知道了无线电波的原理，无线遥控机器人、遥控车这类玩具就是这个时代的作品。之后，第三次工业革命所涉及的网络时代的机器人可以通过网络将遥控的距离扩展到全球每一个角落，信息开始互联互通，更重要的是，网络扩展了机器人的算力。我们可以将本地的录音上传到网络，进而识别语音、语义来增强机器人的智能特性。因此，一个机器人被设计并不断改进的过程，可以看作一个完整的人类工业史的缩影，也可以当作 STEAM 教育（指融合了科学、技术、工程、艺术和数学的教育模式）的素材。那么，第四次工业革命呢？

严格上来说，第四次工业革命并没有超出第三次工业革命即信息革命的范畴，它更多地改变了人类生产的方式而不是生产的内容。数字化的设计，小型化的快速、准确加工，使机器人的学习可以不再依赖很多现成的教具，我们可以直接用 LaserMaker 软件进行数字建模，并且用激光切割机来快速地进行加工，造物开始变得很容易。因此，开源机器人成为开展机器人科普教育的一种新的形态。以往在竞赛中，学生在组装一个机器人时，使用较多的是塑料教具，他们很难独立地从头设计一个机械装置，而开源机器人可以帮助我们突破这个难点，激光切割机加工的速度很快，学生甚至可以现场完成设计、制作的全部环节，这样机器人竞赛便可以现场展开，评审对于学生的真实水平也能把握得更加准确。

自 2019 年，我们依托全国中小学 STEAM 教育大会的平台，开展了全国范围内开源机器人的培训，这些培训使学生可以在开展"机器人——创客"的综合学习中产生成就感和驾驭感，而我们所需要做的，就是让更多的人接触开源机器人。这本由人民邮电出版社出版的《激光切割与开源机器人制作》来得非常及时。本书的 5 位作者都是开源机器人领域中的佼佼者，我也亲自参与了本书的前期规划，很高兴能够以撰写序言的方式来向我的这些老朋友们表示祝贺，也期望本书独特的情境设计和精心编排的案例能够带领全国从事科创教育和机器人教育的教师走上一个新台阶。

北京师范大学博士生 吴俊杰

2023 年 10 月

前言：造物随心，得心应手

大家好，我是本书的其中一位作者。很开心我们小分队写的书终于和大家见面了。感谢强大的互联网，感谢"聚是一团火，散是满天星"的科创同行者们，也感谢书本前的你们。

2021 年 11 月，郭力老师问我有没有意向加入写书小分队，一起围绕 LaserMaker 软件和 OSROBOT 套件写本案例集。其实当时我有些心里没底，在郭老师的信任和鼓励下，我接受了这项挑战，当然也想通过这次挑战在激光造物上有所提升。现在，我想说加入写书小分队的这个决定真是太明智了。2023 年 11 月，郭力老师问我有没有时间为这本书写一篇前言。这一次，我爽快答应。因为我觉得能跟大家说说这本书背后的故事，真的太好了。

再一次隆重跟大家介绍下我们小分队的成员："全能郭"，小分队的灵魂人物；"领导陈"，对开源机器人爱得热烈；"执行温"，小分队的主心骨，执行力一级棒；"技术隋"，精通各种激光造物的软硬件；还有我，"细致寿"，因为喜欢，开启了学作创客之路，正在学习并成长着。接下来，就以线上问答的形式来跟大家分享一下这本书的创作历程和阅读注意事项。

Q： "全能郭"这些昵称是一开始就有的吗？

A： 其实一开始我们并不都是相互认识的，我们在这两年的线上讨论交流中产生了牢固的友谊，然后有了这些昵称。

Q： 天南地北的你们是如何完成书稿的呢？

A： 写书的那段时间，每个星期天的晚上，我们都会在虚拟会议室里见面，一起确定案例、汇总进度，以及共享经验和技能。

Q： 书本中基础篇和进阶篇的案例是怎么来的呢？

A： 基本上每一个案例用一周的时间来探讨，不管是电机带动的幸运大转盘，还是特意根据机械原理设计的纪念章派发机。我们确定案例主题，设计并切割出模型，然后一起讨论案例模型的难度和操作的可行性。

Q：这本书需要从头开始看起吗？

A：我们的设计是由易到难，从简单的拼插结构到凸轮、齿轮及连杆结构，循序渐进地将技能点融合到案例中。但每个案例也是独立且完整的，所以读者们也可以根据自己的需求来选择学习。

Q：哪里可以买到书中所用的电子器材呢？

A：书中使用的电子器材都比较常见，大家可以根据器材名称到线下或者线上商店购买。

Q：书中的三维模型是用什么软件做的？

A：是用 LaserMaker 软件做的，它是二维平面软件，为了让模型设计过程更加易懂，我们选择用 Fusion 360 软件建模来辅助平面设计。但实际上建模思路是一样的，这里也向大家推荐 Fusion 360 这款软件。掌握好用的 LaserMaker 后，可以试一试 Fusion 360。

期待书前的你们在我们这本书的陪伴下，对激光造物有一定的了解，在不断实践与尝试中，实现用激光设备随心造物。

寿芳琴

2023 年 11 月

故 事 背 景

　　几千年来，人类从未停止对星球的探索。在这过程中，我们发现了很多的星际文明。而随着科技的迅猛发展，超远距离的通信技术让星球间的互动越来越频繁。众多星球上的人们正享受着科技带来的便利。

　　最近，地球村的激光造物工厂又成功研发了一项全息体验技术。利用该技术，设计师们只需要把设计制作的三维模型上传到服务器，就可以让玩家在线上体验产品。凭借良好的口碑和出色的售后服务，来自各大星球的订单纷至沓来。这让一直以"共建、共创、开放、分享"为理念的激光造物工厂变得异常忙碌。

　　激光造物工厂也因此有了很多慕名而来的爱好者，他们都想学习模型的设计制作，掌握这项激光造物的本领。为此，激光造物工厂为爱好者们开设了激光造物设计密训营。书本前的你感兴趣吗？让我们也一起踏上探秘激光造物的旅程吧！

目　录

基础篇

进阶篇

基础篇

From（来自）：M 星球

To（发往）：激光造物工厂

设计一套具有地球特色的游乐场设施。

3022 年 6 月

嘀嘀嘀……激光造物工厂收到了一份来自 M 星球的加急订单，要求工厂设计一套具有地球特色的游乐场设施。

激光造物工厂紧急召集了一批优秀的设计师来完成此次游乐场设施的设计。同时也决定把这个项目作为首期密训营的教学案例。机会难得，让我们一起去看看设计师们是如何出色完成任务的吧。

激光造物工厂的设计师们接到任务后，开展了一系列的调研和头脑风暴，很快就制订了一个初步的方案。

M 星球的游乐场负责人看到初步的方案很满意，和设计师们商量后，还新增了游乐场广告牌和纪念章派发机。

经典的游乐场设施 —
- 幸运大转盘
- 旋转木马
- 炫彩灯光盒
- 幸福摩天轮
- 套圈游戏
- 水上游船

增加的游乐场设施
|
- 游乐场广告牌
- 纪念章派发机

01

幸运大转盘

1.1 项目起源

设计师们要完成的首个任务就是设计一个幸运大转盘，并且能够让转盘指针成功地转动起来。当指针停下时，M星球的玩家可根据其停留的区域，选择对应的游戏项目。

让我们打开激光建模软件，跟随着设计师们的脚步开始神奇的激光造物之旅吧。Let's go!（出发啦!）

1.2 确定设计方案

1.2.1 分析作品

相信大家在生活中应该见过幸运大转盘，一个圆形的转盘被划分为很多大小不一的区域，不同区域设置有各种类型的奖项，参与者转动转盘中间的指针，在指针停下并指向一个随机区域（或者转动转盘，在转盘停下时指针指向一个随机区域）时，可以获得相应的奖励。

通过以上分析，我们可以规划出幸运大转盘的基本组成，如图1-1所示。

图 1-1 幸运大转盘的基本组成

激光造物工厂里有很多新颖的材料，下面就让我们挑选一些，制作一个幸运大转盘吧。

1.2.2 器材清单

通过对幸运大转盘的拆解分析，我们可以使用表 1-1 中的器材制作幸运大转盘，电子器材如图 1-2 所示。

表 1-1　制作幸运大转盘所需的器材

序号	名称	数量
1	2.4GHz 遥控器	1 个
2	2.4GHz 接收器（OSROBOT 控制板）	1 个
3	TT 电机	1 个
4	18650 电池（带线）	2 节
5	椴木板（400mm×600mm×3mm）	1 块
6	螺栓和螺母	若干

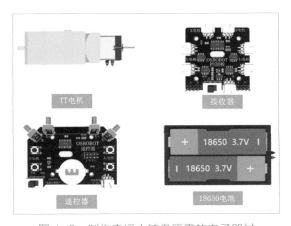

图 1-2　制作幸运大转盘所需的电子器材

这里要向大家隆重介绍的是遥控器和接收器，它们可是一对形影不离的"好兄弟"，有了它们的加入，我们的很多项目可以由手动变为电动，由有线连接变为无线远程操控，从而让作品更富有创意。

选定器材后，我们还需为幸运大转盘设计一个漂亮的外观结构。幸运大转盘的三维效果如图 1-3 所示。

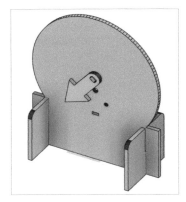

图 1-3　幸运大转盘的三维效果

1.3　作品结构设计

现在小设计师们可以结合器材清单开始设计幸运大转盘的结构啦。首先来建立结构零件表。

1.3.1 建立结构零件表

本次作品设计的结构零件总共有 3 个，见表 1-2。

表 1-2　幸运大转盘的结构零件

序号	名称	数量	功能
1	转盘	1 个	显示选项文字，固定电机
2	指针	1 个	指向功能
3	支架	2 个	支撑和固定转盘

1.3.2 激光建模

零件表是指导我们有条理规划设计图纸的核心，我们根据零件表的顺序开始激光建模。

◆ 绘制转盘

（1）我们首先打开 LaserMaker 软件。由于是第一次使用，小设计师们需要了解一下这款软件有哪些功能。软件界面主要包括工具栏、绘图箱、绘图区、图层色板、图库面板，以及加工面板功能区域，如图 1-4 所示。

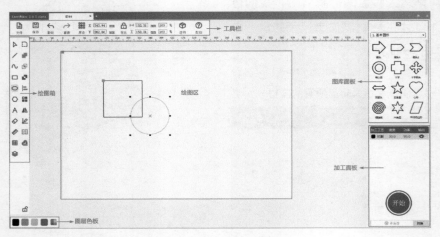

图 1-4　软件界面

（2）从左侧的绘图箱中，选择"椭圆"工具，然后将鼠标指针移动至绘图区中，按住鼠标左键不放，在绘图区以拖曳的方式画出一个直径为 100mm 的圆，当观察到工具栏中图形的宽度和高度均显示为 100mm 时，松开鼠标左键即可，如图 1-5 所示。在宽度、高度参数旁的"等比"的功能是锁定绘制图形的宽高比例，如果选中该图标，在输入宽度（或高度）时，软件会根据当前绘制图形的宽高比例，自动生成对应的高度（或宽度）。如果需要自定义绘制图形的宽度和高度，可以单击该图标解除锁定。

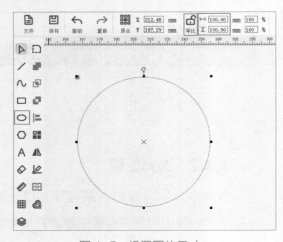

图 1-5　设置圆的尺寸

注意

使用"矩形""椭圆"或"多边形"工具时，可以在选择要使用的工具后，按住键盘上的 Ctrl 键不放，然后在绘图区以拖曳的方式画出图形。这样可以锁定图形的宽高比为 1∶1，从而得到正方形、圆形或正多边形。

（3）常见的幸运大转盘是圆形的，为了让它能稳定地站立起来，可以采用圆形加矩形组合成转盘的形状，然后通过榫卯结构给转盘增加两个支架。

在绘图箱中选择"矩形"工具，在绘图区画出一个宽 100mm、高 40mm 的矩形，然后选择绘图箱中的"选择"工具，将矩形放在圆的正下方，如图 1-6 所示。

> **注意**
>
> 在拖曳选中图形的过程中，软件会以辅助线提示的方式显示该图形与相邻图形的对齐关系。

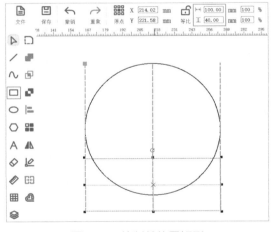

图 1-6　绘制并放置矩形

（4）为了让转盘呈直立状态，我们可以在转盘的下方增加两个支撑结构，使用榫卯结构进行拼接。

> **注意**
>
> 榫卯是在两个木构件上所采用的一种凹凸结合的连接方式。凸出部分叫榫（或榫头），凹进部分叫卯（或卯眼），榫和卯咬合，起到连接作用。

在转盘上绘制卯眼，继续在绘图箱中选择"矩形"工具，在绘图区画出两个宽 2.7mm、高 20mm 的矩形，将它们放置在之前画的矩形的下方，如图 1-7 所示。

> **注意**
>
> 因为激光切割对材料有损耗，需要设置激光补偿。以椴木板为例，一般将激光补偿设置为 0.3mm。所以这里将卯眼的宽度设置为 2.7mm，而不是 3mm。

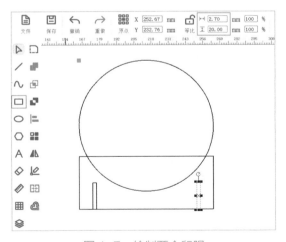

图 1-7　绘制两个卯眼

（5）你会发现，此时的圆和矩形并不是一个整体，我们需要将其合并。按住 Ctrl 键，然后单击鼠标左键选中圆和矩形两个图形，在绘图箱中选择"并集"工具，将它们合并为一个图形，如图 1-8 所示。

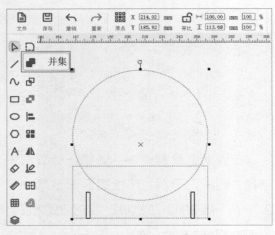

图 1-8　使用"并集"工具合并圆和矩形

（6）现在，转盘已经初具轮廓，我们还需要为其添加电机，使指针转起来。在软件右侧的图库面板中找到"开源机器人硬件"选项，选择"TT电机"，并拖动鼠标将它放置在绘图区中，如图 1-9 所示。可以看出电机图形是由多个红色或黑色的图形组合而成的，这里的红色图形表示激光加工时采用描线加工的方式，黑色图形表示采用切割加工的方式。使用描线方式加工时只会在加工材料上留下印痕，而使用切割方式加工时会穿透加工材料。所以当闭合的图形选用切割方式进行激光加工时，实物会从材料上脱落。

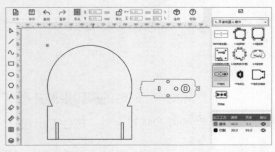

图 1-9　从图库面板中选择"TT电机"图形并将其拖曳到绘图区

（7）单击鼠标左键框选电机图形，可以看到在图形上方会出现一个"旋转"图标，将鼠标指针移动到该图标上，在弹出的输入框中输入"270"，单击"旋转"按钮，如图 1-10 所示。

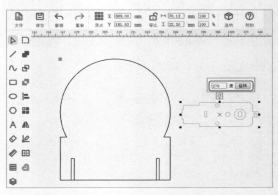

图 1-10　选中并旋转电机

（8）然后继续选中电机图形，单击鼠标右键，在菜单中选择"群组"功能，如图 1-11 所示。组成群组的图形会被当成一个整体，其中的图形不可修改。

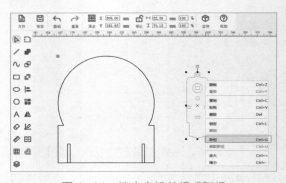

图 1-11　选中电机并组成群组

（9）选中组成群组的电机图形，将其移动到转盘中央位置。这时需要将电机轴孔的圆心与转盘的圆心尽量重叠，为此需要用辅助线来定位转盘的中心。

首先单击绘图箱的"网格"工具，打开绘图区的网格功能，这时软件将绘图区分割成边长为 10mm 的网格。选中转盘图形，并将其与网格线对齐，如图 1-12 所示。

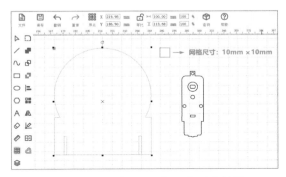

图 1-12 将转盘图形与网格对齐放置

注意

为了更准确地摆放零件的位置，这里还可以借助标尺工具来辅助定位。单击绘图箱中的"选择"工具，将鼠标指针移动到绘图区上方的刻度区，按住鼠标左键向下拖曳，可以看到绘图区会出现一条水平辅助线。用同样的方法，可以从左侧的刻度区向绘图区方向拖曳，产生垂直的辅助线。

现在需要确定转盘的圆心，因为要绘制的转盘直径为 100mm，所以只需要将辅助线放置在距离转盘顶端和左端 50mm（也就是 5 个小格）的位置。通过两条相交的辅助线，就可以确定转盘的圆心位置，然后将电机的轴孔中心与转盘的圆心重合放置，如图 1-13 所示。

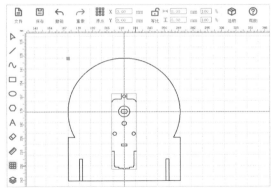

图 1-13 利用辅助线将电机轴孔中心与转盘圆心重合

（10）电机位置确定后，我们还需要在转盘上添加文字，为转盘增加游戏项目名称。首先选择绘图箱中的"文本"工具，在圆盘上需添加文字的地方单击鼠标左键，在弹出的窗口里设置字体类型、字号和文字内容，还可以设置粗体、斜线等属性，文本内容设置完成后单击"确认"按钮即可将文字添加在转盘上，如图 1-14 所示。

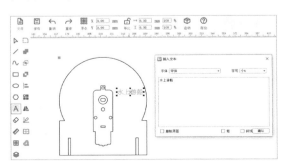

图 1-14 用文本工具增加文字

接着我们将文字内容旋转一定角度，让幸运大转盘看上去更美观。可以单击绘图箱中的"选择"工具，选中要旋转的文字，选择文字上方的"旋转"图标，在弹出的输入框中将旋转角度设置为 −25°，然后单击参数右侧的"旋转"按钮，如图 1-15 所示。文字旋转后的图形如图 1-16 所示。

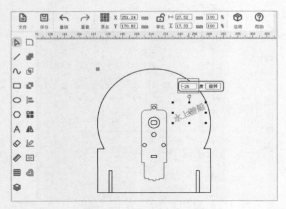

图 1-15　旋转文字

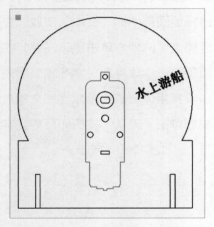

图 1-16　文字旋转后的图形

调整好文字位置后，单击软件左下方图层色板的红色方块，将文字的加工工艺设置为"通用描线"方式，如图 1-17 所示。因为这里只是要在转盘上留下文字的痕迹，并不是要把木板切透。

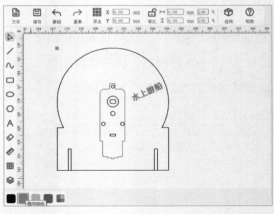

图 1-17　将文字加工工艺设置为"通用描线"

用同样的方法添加其他项目的文字，转盘部分就设计完成了，如图 1-18 所示。

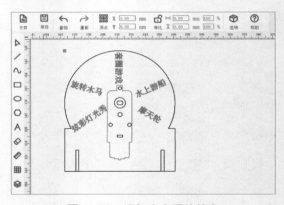

图 1-18　添加文字后的转盘

◆ 绘制指针

转盘绘制完成，接下来开始绘制指针。

（1）在软件右侧图库面板中选择"基本图形"选项，选择"箭头"图形，如图 1-19 所示。

图 1-19　在图库面板中选择"箭头"图形

（2）调整箭头的尺寸，选中箭头图形，将箭头的尺寸调整为宽 50mm、高 20mm，如图 1-20 所示。

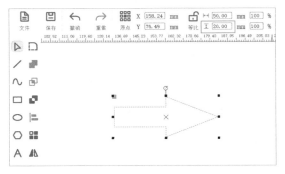

图 1-20　调整箭头尺寸

（3）接着使用绘图箱中的"椭圆"工具在箭头的尾部绘制一个直径为 10mm 的圆，并将圆的一半与箭头的尾部重合，如图 1-21 所示。

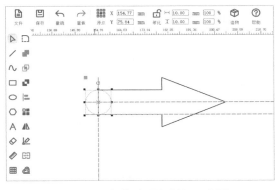

图 1-21　在箭头尾部增加一个圆

（4）箭头作为指针被安装在电机轴上，需要给指针增加一个轴孔。在图库面板中的"机械零件"中选择"TT 孔位"，将它放置在刚才绘制的圆的圆心位置，如图 1-22 所示。

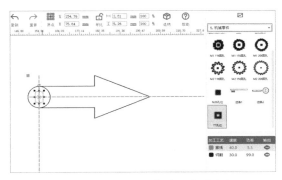

图 1-22　将 TT 孔位放置在圆心处

（5）将箭头与圆合并为一个整体。可以按住 Ctrl 键，选中圆和箭头图形，在绘图箱中单击"并集"工具，将两个图形进行合并处理，合并后的箭头长度不应超过圆盘半径，如图 1-23 所示。

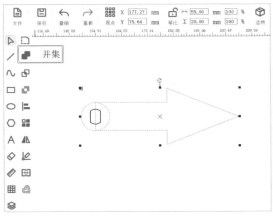

图 1-23　将圆与箭头合并

（6）合并完成后，得到的指针图形如图 1-24 所示。

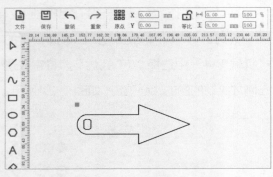

图 1-24　合并后的指针图形

◆ 绘制支架

（1）在绘图箱中选择"矩形"工具，在绘图区绘制一个宽 50mm、高 40mm 的矩形作为支架，如图 1-25 所示。

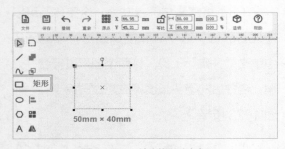

图 1-25　绘制矩形支架

（2）在矩形支架旁边再绘制一个宽 2.7mm、高 20mm 的小矩形作为支架槽，并将其放置在矩形支架上半部分的中间，如图 1-26 所示。

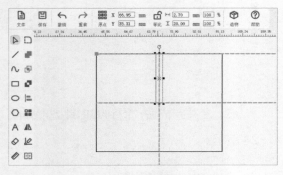

图 1-26　绘制支架槽并调整位置

（3）为了让支架看上去更美观，可以对其进行圆角处理。在绘图箱中选择"圆角"工具，"圆角半径"设置为 5mm，然后将鼠标指针移动到支架上方的两个角处，单击鼠标左键将矩形的边角设置为圆角，如图 1-27 所示。

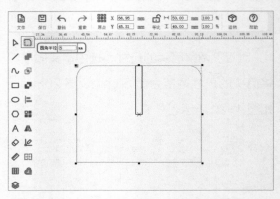

图 1-27　对支架进行圆角处理

（4）接着我们使用复制、粘贴的方法得到第二个支架图形。选择支架图形，单击鼠标右键，在弹出的菜单中选择"复制"，然后继续在绘图区空白处单击鼠标右键，在弹出的菜单中选择"粘贴"，即可得到第二个支架图形，如图 1-28 所示。

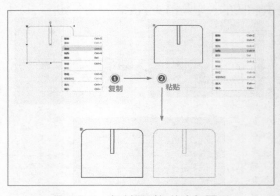

图 1-28　复制得到新的支架图形

（5）将电机的轮廓线去掉后，最终完成的设计图如图 1-29 所示。

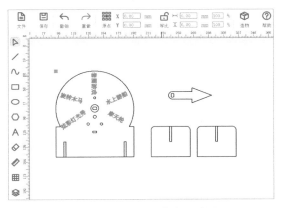

图 1-29　最终完成的设计图

1.4　激光加工

1.4.1　设置参数

　　本次幸运大转盘的设计图只包含描线和切割两种加工工艺，如图 1-30 所示，文字内容为描线（雕刻出痕迹即可），其余为切割（需将木板切透）。因此在参数设置上，两者是不同的。

加工工艺	速度	功率	输出
● 描线	40.0	5.5	👁
● 切割	30.0	99.0	👁

图 1-30　设计图中包含的加工工艺

　　下面是这两种加工工艺的参数设置。

　　（1）描线。双击加工面板的红色图层，在弹出的"加工参数"界面中，"材料"选择"椴木板"，"工艺"选择"描线"，"厚度"选择"3.00"，单击"确认"按钮，如图 1-31 所示。

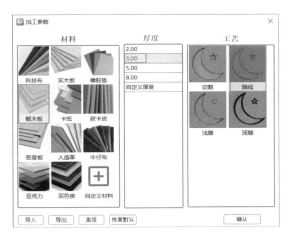

图 1-31　描线工艺的参数设置

　　（2）切割。双击加工面板的黑色图层，在弹出的"加工参数"界面中，"材料"选择"椴木板"，"工艺"选择"切割"，"厚度"选择"3.00"，单击"确认"按钮，如图 1-32 所示。

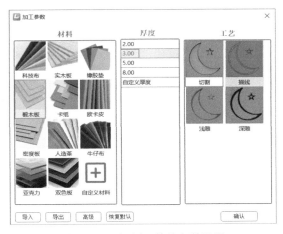

图 1-32　切割工艺的参数设置

1.4.2　开始切割

　　（1）开启水冷式非金属激光切割机（如雷宇激光的 Nova35 激光切割机）时，需要先打开水箱开关，如图 1-33 所示。

图 1-33　打开水箱开关

（2）然后将激光切割机上的电源开关钥匙（见图 1-34）旋转到"开启"一侧。

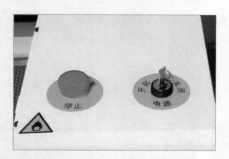

图 1-34　激光切割机上的电源开关

（3）接着依次打开激光切割机侧面的"主开关"和"激光开关"，如图 1-35 所示。

图 1-35　打开激光切割机"主开关"和"激光开关"

（4）当 LaserMaker 软件界面上的"开始"按钮变为蓝色时，如图 1-36 所示，单击"开始"按钮，设计好的图纸会通过网络或数据线传送到激光切割机上。

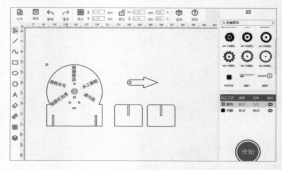

图 1-36　发送图纸到激光切割机上

（5）放置加工板材，确认激光头定位就绪，就可按下激光切割机控制面板上的"启动"按钮，开始进行激光切割，如图 1-37 所示。

图 1-37　按下激光切割机的"启动"按钮

（6）激光加工完成后的实物如图 1-38所示。

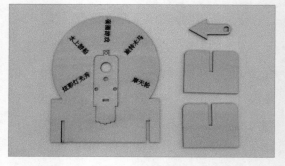

图 1-38　激光加工后的幸运大转盘实物

1.5 组装模型

1.5.1 电路连接

按照图1-39连接电路,这样幸运大转盘才能开始工作。

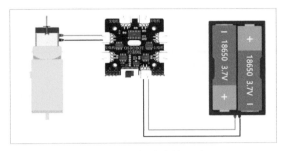

图1-39 电路连接示意

1.5.2 结构组装

我们按照如下安装步骤(见图1-40)组装模型。

第1步,取出电机、转盘、螺栓和螺母。

第2步,使用螺栓、螺母将电机固定在转盘的背面。

第3步,将指针安装在电机轴上,并取出转盘的两个支架。

第4步,将支架与转盘安装在一起。

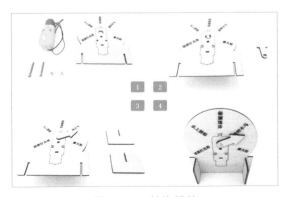

图1-40 结构组装

1.6 总结

如图1-41所示,回顾本项目的制作过程,我们首先认识了榫卯结构,它通过凹凸结合的方式将两个结构件拼接在一起;接着熟悉了LaserMaker软件绘图箱中的"矩形""椭圆""圆角"等绘图工具的使用方法,并学习了如何添加图库中的图形、旋转图形等操作,了解了激光切割的常用加工工艺;最终体验了搭建实物的过程。

幸运大转盘制作完成了,但对于设计师们而言,用激光建模软件设计游乐场的挑战才刚刚开始,让我们拭目以待吧。

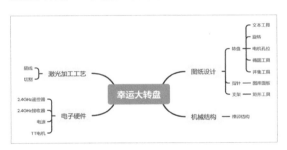

图1-41 幸运大转盘项目总结思维导图

1.7 思考拓展

本次设计的幸运大转盘上的游戏项目文字是不可修改的,如果我们想更改游戏项目,就只能重新再雕刻一个转盘,这样做难免有些浪费材料,有没有一种替代方案呢?请大家和设计师一起开动脑筋,设计出更有创意的作品。

02 旋转木马

2.1 项目起源

设计师们接着要设计的项目是深受游客欢迎的旋转木马。它最大的特点是木马会跟着大转盘转动。玩家坐上木马后，既可以享受音乐，又能够欣赏游乐场的美景。

让我们和设计师们一起为游乐场设计一个可遥控的旋转木马吧。

2.2 确定设计方案

2.2.1 观察分析

仔细观察生活中的旋转木马，它既可以旋转，又能够供人乘坐，所以本节设计的重点是转盘结构和木马座结构。另外，再设计一个底座固定电机，电机为木马的旋转提供动力。旋转木马的三维透视效果如图 2-1 所示。

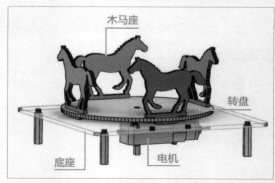

图 2-1 旋转木马的三维透视效果

通过上述分析，我们可以得出旋转木马的基本组成，如图 2-2 所示。

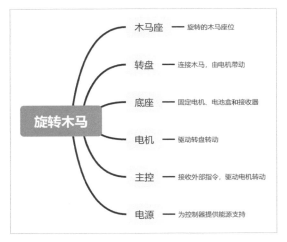

图 2-2　旋转木马的基本组成

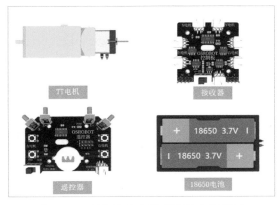

图 2-3　制作旋转木马所需的电子器材

激光造物工厂给设计师们提供了丰富的 OSROBOT 开源机器人的材料，下面就让我们一起去寻找这些材料，并制作一个旋转木马吧。

2.2.2　器材清单

搭建旋转木马需要用到的器材见表 2-1，电子器材如图 2-3 所示。

表 2-1　搭建旋转木马所需的器材

序号	名称	数量
1	2.4GHz 遥控器（带电池）	1 个
2	2.4GHz 接收器	1 个
3	TT 电机（120:1）	1 个
4	18650 电池（带线）	2 节
5	椴木板（400mm×600mm×3mm）	1 块
6	螺栓、短螺栓、螺母	若干
7	尼龙柱	若干

2.3　作品结构设计

选定材料，我们接下来开始设计旋转木马的结构。

2.3.1　建立零件表

通过对旋转木马的观察分析，我们可以确定本次作品需要设计的结构零件共有 3 个，见表 2-2。

表 2-2　旋转木马的结构零件

序号	名称	数量	功能
1	木马座	4 个	旋转的木马座位
2	转盘	1 个	连接木马，由电机带动
3	底座	1 个	固定电机、电池、接收器

2.3.2　激光建模

在梳理清晰零件表后，我们就可以开始激光建模了。

我们采用榫卯结构将木马座与转盘固定。

◆　绘制木马座

（1）首先绘制一个马形座，对刚开始使

用 LaserMaker 软件的同学们来说，直接绘制马的形状还是有难度的，我们可以先使用图库中提供的"马"图形。在图库面板的"动物图形"中选择"马 2"图形，将其拖到绘图区作为旋转木马的座位，如图 2- 4 所示。

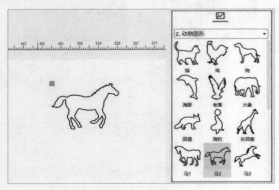

图 2-4 "马 2"图形

（2）仅有"马 2"图形还不行，还需要一个"木马座榫头"与"马 2"图形组合，这样做是为了更好地将木马底座与转盘卯眼拼插在一起。有了榫头的木马座是可以被直接插到转盘的卯眼里的。如图 2-5 所示，木马座榫头近似由两个大小不同的矩形合并而成。

图 2-5 木马座结构分解

（3）下面绘制木马座榫头，在绘图箱选择"矩形"工具，在绘图区绘制两个矩形，单击鼠标左键选中矩形，在上方工具栏设置

它的宽为 40mm，高为 4mm。再选中另一个矩形，设置它的宽为 24mm，高为 6mm，如图 2-6 所示。

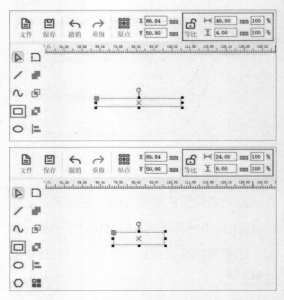

图 2-6 绘制木马座榫头的两个矩形

（4）拖曳任一矩形，使其与另一个矩形水平居中对齐，如图 2-7 所示。在对齐图形的过程中会出现绿色的辅助线供我们参考。

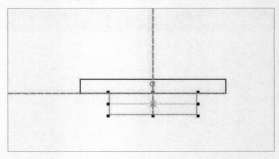

图 2-7 使两个木马座榫头矩形水平居中对齐

（5）使用"选择"工具同时选中两个矩形，再单击绘图箱中的"并集"工具将两个矩形合并在一起，这样木马座榫头就绘制好了，如图 2-8 所示。

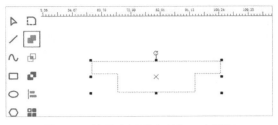

图 2-8　将两个矩形合并为一个图形

（6）使用"选择"工具选中木马座榫头，将其拖动到与"马 2"图形部分重合的位置，如图 2-9 所示。

图 2-9　将"马 2"图形与木马座榫头图形
交叉重合

（7）"马 2" 图形与木马座榫头图形有交叉重合的部分，而在激光切割时，黑色线对应部分会被切透，也就是两个图形会被切断，所以我们需要对交叉的线段进行处理。在绘图箱中选择"橡皮擦"工具，设置参数为 1mm，在交叉的线段部位单击鼠标左键即可打断线段，如图 2-10 所示。

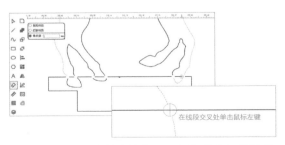

图 2-10　使用"橡皮擦"工具打断马蹄处的线段

（8）随后选中要删掉的横线段，按下键盘上的 Delete 键或者单击鼠标右键选择"删除"，如图 2-11 所示。

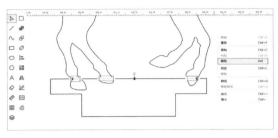

图 2-11　删除不需要的线段

（9）如果要保留木马座榫头上的马蹄形状不被切割掉，需要将其加工工艺设置为描线。使用"选择"工具分别选中被打断的马蹄图形，在图层色板单击红色（描线）图层，如图 2-12 所示。

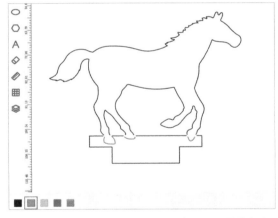

图 2-12　将木马座榫头上的马蹄图形设置为红色
（描线）图层

（10）为了使木马座榫头更容易插到转盘的卯眼中，需要对其进行圆角设置。单击绘图箱中的"圆角"工具，将"圆角半径"设置为 3mm，单击图形底部拐角，完成圆角设置，如图 2-13 所示。

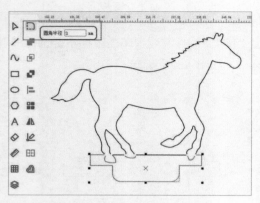

图 2-13　为木马座榫头设置圆角

（11）本次旋转木马设计需要用到 4 个木马座，为了使木马座整齐排列，这里我们采用"阵列"工具进行复制。使用"选择"工具选中图形，在菜单箱中单击"阵列"工具，选择"矩形阵列"，设置"水平个数"为 2，"垂直个数"为 2，如图 2-14 所示。这样木马座就设计完成了。

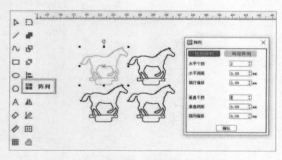

图 2-14　用矩形阵列复制 4 个木马座

"阵列"工具中有"矩形阵列"和"环形阵列"，其属性参数可以通过直接输入和微调按钮的方法来修改，实时预览效果可以帮助我们确定最终的图形。

◆　绘制转盘

（1）首先在绘图箱中选择"椭圆"工具，在绘图区绘制一个任意尺寸的椭圆，然后在工

具栏的宽度、高度参数中分别输入"120"，即可得到一个直径为 120mm 的圆，如图 2-15 所示。

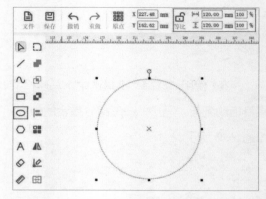

图 2-15　绘制圆形转盘

（2）我们需要在转盘中绘制 4 个卯眼用来拼插木马座榫头，先单击"矩形"工具绘制一个矩形，设置它的宽为 24mm，高为 3mm，即可得到一个卯眼，如图 2-16 所示。然后采用矩形阵列的方法复制多个卯眼。

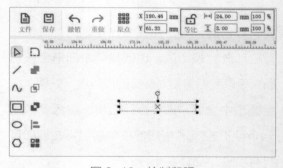

图 2-16　绘制卯眼

（3）选中卯眼，单击"阵列"工具选择"矩形阵列"，设置"水平个数"为 2，"水平间距"为 10mm，"隔行偏移"为 0；"垂直个数"为 2，"垂直间距"为 80mm，"隔列偏移"为 0mm；随即就得到了 4 个完全相同的卯眼，如图 2-17 所示。

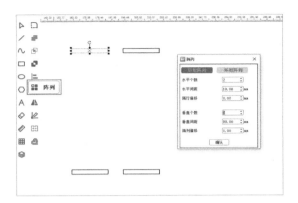

图 2-17　使用矩形阵列复制得到 4 个卯眼

（4）接下来，需要调整卯眼的位置，我们将 4 个卯眼放置在转盘的上、下、左、右 4 个方位，这就需要将 4 个卯眼两两一组组成群组，方便后续的旋转和对齐操作。使用"选择"工具选中其中一列的两个卯眼，使用组合键 Ctrl+G 或者单击鼠标右键选择"群组"将其组成群组。之后采用同样的方法将另外一列卯眼组成群组，如图 2-18 所示。

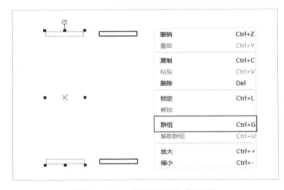

图 2-18　将卯眼组成群组

（5）因为卯眼需要均匀分布在转盘的 4 个方位，我们将其中一列旋转 90°。

使用"选择"工具选中组成群组的第二列卯眼，再单击图形上的"旋转"按钮，设置旋转角度为 90°，如图 2-19 所示。

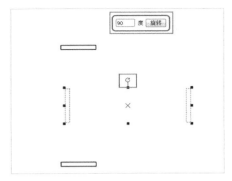

图 2-19　旋转第二列卯眼

（6）选中 4 个卯眼，使用"对齐工具箱"，将卯眼水平与垂直居中对齐，如图 2-20 所示。

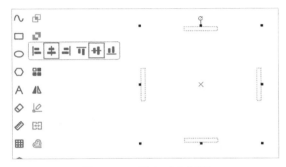

图 2-20　居中对齐卯眼

（7）我们还需要在转盘中添加 TT 电机的轴孔，在图库面板的"开源机器人硬件"里选择"TT 电机孔"拖入绘图区，如图 2-21 所示。

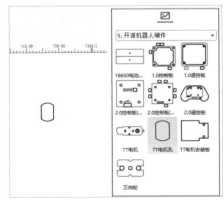

图 2-21　添加"TT 电机孔"图形

（8）使用"选择"工具将圆、TT电机孔图形、4个卯眼矩形全部选中，单击"对齐工具箱"中的水平居中对齐和垂直居中对齐工具，这样旋转木马的转盘就绘制完成了，如图2-22所示。

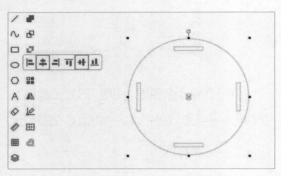

图2-22　转盘内居中对齐TT电机孔图形

◆　绘制底座

接下来绘制底座，在底座中需要固定电机、OSROBOT接收器和电池等零件。

这就需要确定各个零部件在转盘中的位置。首先我们绘制一个方形的底座，然后在底座中绘制与转盘相同的圆形作为参考标识，再绘制一个小圆形，作为TT电机图形的参考标识。

（1）在绘图区分别绘制直径为10mm、120mm的圆和边长为150mm的正方形，如图2-23所示。

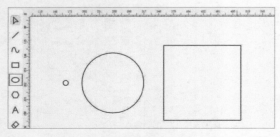

图2-23　绘制底座圆形、正方形

（2）使用"选择"工具选中3个图形，单击"对齐工具箱"中的水平居中对齐工具和垂直居中对齐工具将两个圆和正方形居中对齐，如图2-24所示。

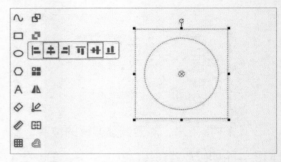

图2-24　居中对齐底座的圆和正方形

（3）为了使底座的4个棱角变得圆润，需要进行圆角设置。选中正方形，在绘图箱选择"圆角"工具，设置圆角半径为20mm，然后分别单击4个直角，即可将直角修改为圆角，如图2-25所示。

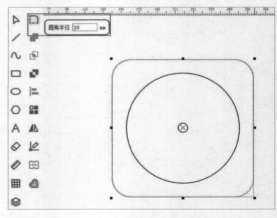

图2-25　为底座正方形设置圆角

（4）底座轮廓设计完成，现在需要将TT电机图形放置在底座中。在图库面板的"开源机器人硬件"里选择"TT电机"拖入绘图区并组成群组，将TT电机图形中的圆孔与底座中心的圆孔重合，并删除多余的圆，这样就确定了 TT 电机的固定孔位，如图 2-26 所示。

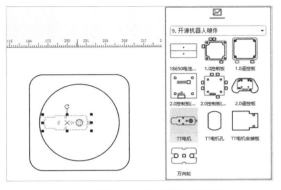

图 2-26 将 TT 电机图形放在底座中

（5）接下来，在底座中确定控制板和电池的安装位置。在图库面板的"开源机器人硬件"里选择"2.0 控制板（外置）"，将其拖入绘图区，删除周围的小矩形孔，选中控制板图形的"旋转"按钮，旋转角度设置为 90°，如图 2-27 所示。

再选择"18650 电池盒"并将其拖入绘图区，将这两个图形分别放置在 TT 电机图形的上方和下方，如图 2-28 所示。

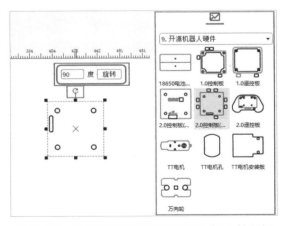

图 2-27 从图库面板中拖出并处理"2.0 控制板
（外置）"图形

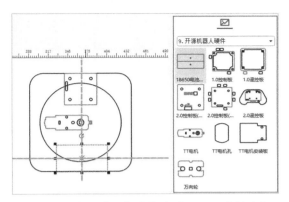

图 2-28 从图库面板中拖出"18650 电池盒"
图形

（6）因为黑色线段在 LaserMaker 软件中默认切割加工工艺，我们需要将作为位置参考的大圆形设置成红色线表示的描线加工工艺。使用"选择"工具选中直径为 120mm 的圆，单击图层色板中的红色图层，将选中的圆形设置成描线加工工艺，如图 2-29 所示。

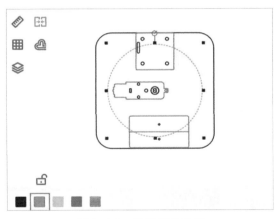

图 2-29 设置描线图层

（7）图 2-29 所示的图形有部分交叉重合，为了美观，可以删除部分线条。使用"橡皮擦"工具在图形交叉部位打断并删除部分线段，如图 2-30 所示。

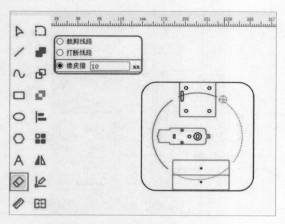

图 2-30 删除重合的线段

（8）底座设计完成，可以将底座上的图形组成群组。使用"选择"工具选中底座的全部图形，使用组合键 Ctrl+G 或者单击鼠标右键选择"群组"功能将其组成群组，如图 2-31 所示。

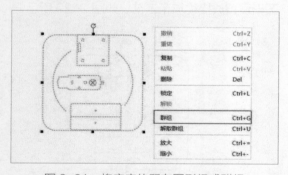

图 2-31 将底座的所有图形组成群组

（9）之后，为了方便在底座中安装尼龙柱，需要为底座绘制柱孔。使用"椭圆"工具绘制一个直径为 4mm 的圆，然后选中它，单击"阵列"工具选择"矩形阵列"，设置"水平个数"为 2，"水平间距"为 120mm，"隔行偏移"为 0mm；"垂直个数"为 2，"垂直间距"为 120mm，"隔列偏移"为 0mm，得到 4 个圆孔，如图 2-32 所示。

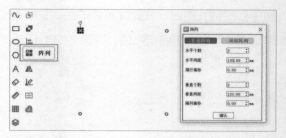

图 2-32 绘制柱孔

（10）将 4 个柱孔图形组成群组。使用"选择"工具选中 4 个柱孔图形，使用组合键 Ctrl+G 或者单击鼠标右键选择"群组"功能将其组成群组，如图 2-33 所示。

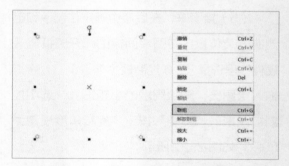

图 2-33 将 4 个柱孔图形组成群组

（11）组成群组的柱孔图形就可以与底座图形居中对齐了，使用"选择"工具选中底座和柱孔图形，在"对齐工具箱"中使用水平居中对齐、垂直居中对齐，将全部图形对齐，如图 2-34 所示。

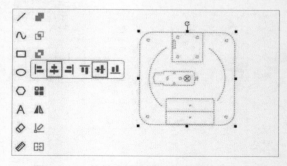

图 2-34 将柱孔图形与底座图形居中对齐

◆ 排版

旋转木马的设计图全部完成，最后对图纸进行排版，如图 2-35 所示。

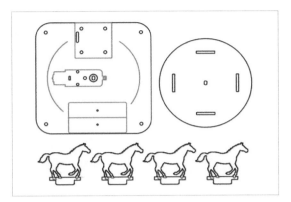

图 2-35 旋转木马图纸排版后的效果

2.4 激光加工

图纸设计完成之后，我们还需设置加工工艺，然后用激光切割机进行切割，操作过程可参考项目 1 中的"激光加工"部分。激光切割后的实物如图 2-36 所示。

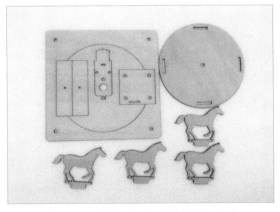

图 2-36 激光切割后的旋转木马实物

2.5 组装模型

2.5.1 电路接线

拿到加工完成的零件后，我们进入模型组装环节，首先来看一下电路连接方式，如图 2-37 所示。

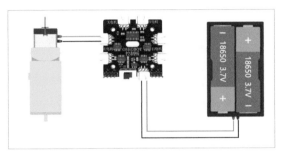

图 2-37 电路连接示意

2.5.2 结构组装

接着，按照如下安装步骤（见图 2-38~图 2-40）组装模型。

第 1 步，取出 4 个木马座和 1 个转盘。

第 2 步，将 4 个木马座依次插在转盘的卯眼中。

第 3 步，取出底座、1 个 TT 电机和固定电机的螺栓、螺母。

第 4 步，使用螺栓、螺母将 TT 电机固定在支架上。

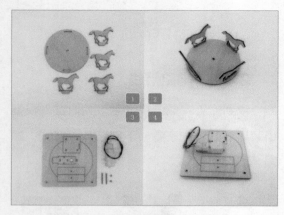

图 2-38 结构组装第 1 步~第 4 步

第 5 步，在第 4 步的基础上安装接收器，取出 4 颗短螺栓、螺母和接收器。

第 6 步，使用短螺栓、螺母将接收器固定在底座上。

第 7 步，在第 6 步的基础上安装 18650 电池，需要用到胶枪。

第 8 步，使用胶枪将电池固定在支架上，连接电机、电池与接收器，电路连接可参考图 2-37。

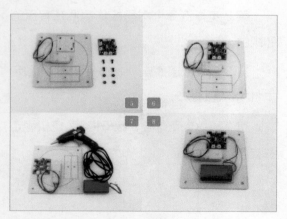

图 2-39 结构组装第 5 步~第 8 步

第 9 步，取出 4 颗短螺栓、4 颗尼龙柱。

第 10 步，将短螺栓、尼龙柱固定在底座的背面。

第 11 步，拿出第 2 步安装好的带有木马座的转盘。

第 12 步，将带有木马座的转盘安装在 TT 电机轴上，这样旋转木马就安装完成了。

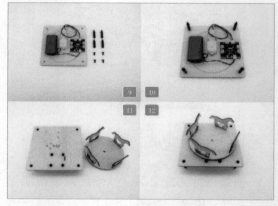

图 2-40 结构组装第 9 步~第 12 步

2.6 总结

在设计师们的精心设计下，旋转木马顺利制作完成了。回顾本次设计，我们学习使用了 LaserMaker 软件中的"并集""橡皮擦""对齐""矩形阵列"等工具，如图 2-41 所示。

这个精彩刺激的旋转木马游乐设施，让玩家们玩得不亦乐乎，听说下一个环节，设计师们为大家准备了一场精彩的视觉盛宴，让我们一探究竟吧。

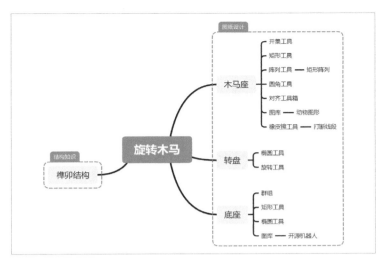

图 2-41　旋转木马项目总结思维导图

2.7　思考拓展

在本节设计的过程中，木马座榫头与木马座位图形交叉部分的线段处理需要花一些精力，稍不留意就会失去一个马蹄。有没有什么方法可以改善这种情况呢？一起开动脑筋想一想吧。

03

炫彩灯光盒

（图片来源：央广网）

3.1　项目起源

　　游乐场中的游玩项目很多，很多大小朋友能够从白天玩到晚上。为了让 M 星球的游乐场在夜晚也能照常开放，设计师们需要为其设计一个炫彩灯光盒。

3.2　确定设计方案

3.2.1　分析作品

　　灯盒的设计可以参照生活中的灯笼，但为了能让它透出更强的光，需要额外在灯盒上

打孔，如图 3-1 所示。同时在炫彩灯光盒内部增加一个转动电机，如图 3-2 所示，这样 M 星球游乐场的工作人员只要用 OSROBOT 开源机器人遥控套件去控制灯盒里的灯转动，就可以为玩家呈现一场精彩多变的灯光秀了。

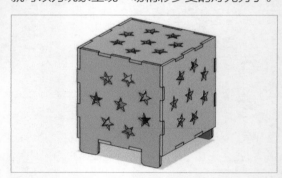

图 3-1　灯盒的三维效果

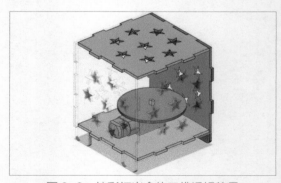

图 3-2　炫彩灯光盒的三维透视效果

设计方案敲定后，我们就可以罗列出炫彩灯光盒的组成部分，如图3-3所示。

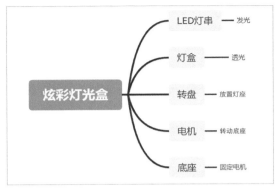

图 3-3 炫彩灯光盒的组成

3.2.2 器材清单

完成了炫彩灯光盒结构的拆解分析，我们还需要结合激光造物工厂现有材料制作一份器材清单，所需器材见表3-1，电子器材如图3-4所示。

表 3-1 制作炫彩灯光盒所需的器材

序号	名称	数量
1	2.4GHz 遥控器（带电池）	1 个
2	2.4GHz 接收器	1 个
3	TT 电机（120:1）	1 个
4	18650 电池（带线）	1 节
5	椴木板（400mm×600mm×3mm）	1 块
6	螺栓、螺母	若干
7	LED 灯串	1 个

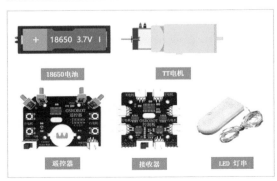

图 3-4 制作炫彩灯光盒所需的电子器材

3.3 作品结构设计

准备好器材后，我们开始设计制作炫彩灯光盒的外观结构。

3.3.1 建立零件表

根据炫彩灯光盒的结构，我们进一步细化作品需要设计的结构零件，并制作结构零件表，见表3-2。

表 3-2 炫彩灯光盒的结构零件

序号	名称	数量	功能
1	灯盒	5 个	展示灯光效果
2	底座	1 个	固定电机
3	底盘	1 个	放置 LED 灯串

3.3.2 激光建模

下面我们利用 LaserMaker 软件进行激光建模。

◆ 绘制灯盒

生活中灯笼的形状各式各样，灯盒也可以有多种外形。从材料的特性、作品的稳固性角度出发，我们可以利用 LaserMaker 软件中的造物功能（可以快速绘制六面体的平面图），制作一款方形灯盒。

（1）打开 LaserMaker 软件，单击工具栏中的"造物"，如图3-5所示。

图 3-5 使用"造物"功能

（2）在弹出窗口的左侧面板中选择"直角盒子"工具，在中间面板中设置盒子属性，双击对应文本框中的数值，修改盒子的长、宽、高，将数值都设置为 100mm，双击"凹槽大小"对应的输入框中的数值，将该尺寸设置为 15mm，按 Enter 键确认，同时还可以在窗口右侧预览盒子的平面展示图，如图 3-6 所示。

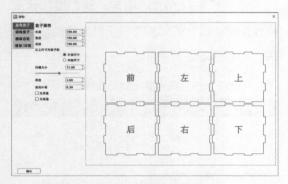

图 3-6　修改直角盒子的参数

注意

凹槽大小就是盒子中卯眼和榫头的长度。由于设置有激光补偿值，通过"造物"绘制的盒子卯眼的实际长度是 14.4mm。

（3）单击"确认"按钮，回到绘图区，即可看到图 3-7 所示的 6 个面。

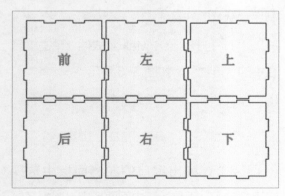

图 3-7　盒子的平面展示

（4）用"造物"功能完成的盒子的面板中心都会有方位提示，这对模型的设计制作非常有帮助。不过为了方便后面在灯盒上绘制五角星图形，我们需要选中这些提示字，把它们拖到面板外的合适位置，如图 3-8 所示。

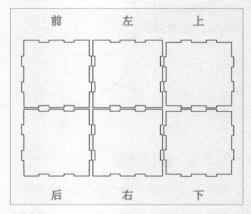

图 3-8　移动方位提示字

（5）在灯盒上设计各种造型的透光孔，比如五角星。从图库面板的"基本图形"中找到并选中"五角星"，将其拖到绘图区，如图 3-9 所示。同时调整五角星的尺寸，单击"等比"按钮解除锁定后，修改图形的宽高值，将数值都设置为 15mm，如图 3-10 所示。

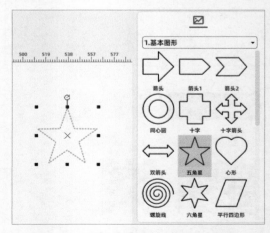

图 3-9　从图库中调用"五角星"图形

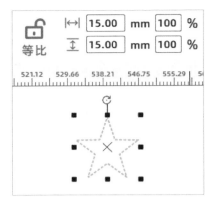

图 3-10　修改图形大小

（6）用这种方法就得到了一个五角星，我们可以为灯盒添加更多排列规律的五角星透光孔。单击选中五角星，再单击左侧绘图箱中的"阵列"工具，选择"环形阵列"工具，设置"开始角度"为 6°、"步距角度"为 50°、"复制数量"为 7，"中心（X）"为 30mm，如图 3-11 所示。

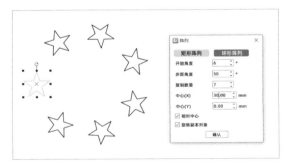

图 3-11　使用环形阵列工具复制五角星

（7）我们得到了一个环形星图，还需要在其中心处再绘制一个五角星。重复步骤（5）绘制一个新的五角星，将它拖到环状星图的中心位置，然后用鼠标框选环状星图单击鼠标右键，选择"群组"，如图 3-12 所示。

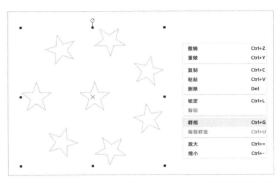

图 3-12　绘制中心处的五角星并将环状星图组成群组

（8）利用右击鼠标弹出菜单中的"复制""粘贴"，完成环状星图的复制。将复制得到的图形拖动到灯盒的面板中，如图 3-13 所示。下面板需要安装电机，所以不需要绘制环状星图。

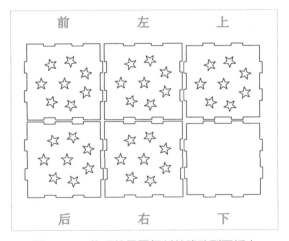

图 3-13　将环状星图复刻并移动到面板中

◆　绘制底座

完成灯盒透光图案后，紧接着需要在灯盒的底部添加电机固定孔位。

（1）选中图库面板"开源机器人硬件"中的"TT 电机"，将图形拖动到绘图区，如图 3-14 所示。

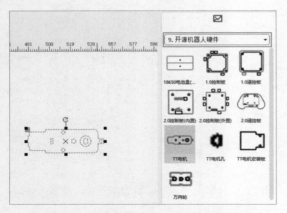

图 3-14　从图库中调用"TT 电机"图形

（2）单击"旋转"图标，输入"90"并单击"旋转"按钮，使"TT 电机"图形垂直摆放在绘图区，如图 3-15 所示。

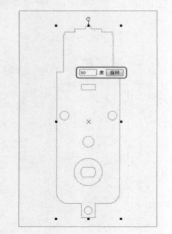

图 3-15　旋转"TT 电机"图形

（3）考虑底盘越大，越有利于 LED 灯串的摆放和旋转，因此在电机能正常运转的前提下，需要将电机的轴孔尽可能靠近下面板的中心。我们可以先增加一条辅助线，然后将电机拖曳到灯盒的下面板中，调整位置，如图 3-16 所示。

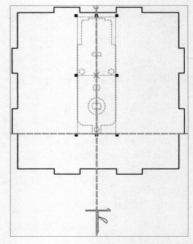

图 3-16　将电机图形移动到下面板

（4）由于本次作品的 2.4GHz 接收器和 18650 电池被放在灯盒的外面，还要在后面板中绘制一个矩形作为穿线孔，方便连接电路。单击绘图箱中的"矩形"工具，在绘图区绘制一个宽 7.5mm、高 5.5mm 的矩形，如图 3-17 所示。再将它拖动到灯盒的后面板中，拖动位置如图 3-18 所示。

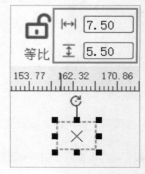

图 3-17　绘制矩形穿线孔

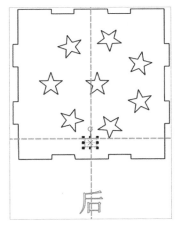

图 3-18　将矩形穿线孔移动到后面板中

（5）底座电机需要用螺栓、螺母固定，这会造成灯盒底面的不平稳，所以还需要将灯盒垫高，这里可以绘制灯盒支撑脚，通过增加底部的空间来保证灯盒的稳定。选中图库面板"基本图形"中的"圆角矩形"，拖到绘图区，如图 3-19 所示。

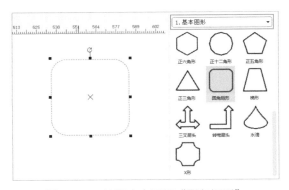

图 3-19　从图库中调用"圆角矩形"

（6）将图形拖曳到灯盒后面板底部右侧的位置，并选中图形右下角的黑色控制点沿对角线移动，调节图形大小，使其宽度与后面板最右侧的榫头一致，如图 3-20 所示。

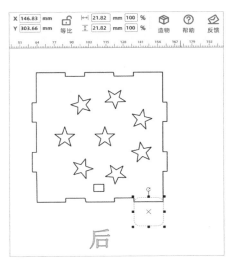

图 3-20　绘制后面板右侧支撑脚

（7）采用复制、粘贴的方法得到第二个圆角矩形，并将其放置在后面板的左下角。按住键盘上的 Ctrl 键，依次单击后面板和两个圆角矩形，再单击绘图箱中的"并集"工具将图形合并在一起，如图 3-21 所示。

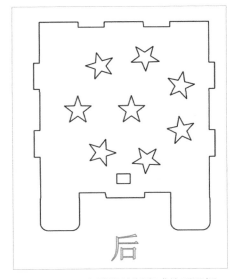

图 3- 21　支撑脚绘制完成的后面板

（8）观察对比发现，前、后面板的榫卯结构一致，因此我们既可以重复步骤（5）~步骤（7）完成灯盒前面板的支撑脚绘制，也可以复制一个后面板，删除其穿线孔，得到有支撑脚的前面板，效果如图 3-22 所示。

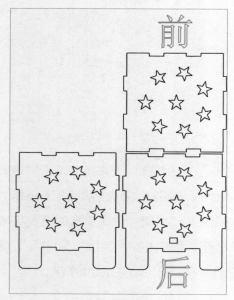

图 3-22　带有支撑脚的前、后面板

◆ **绘制灯串转盘**

为了顺利将 LED 灯串放置在灯盒内，并让它旋转起来，还需要在电机轴上安装一个圆形的转盘。

（1）单击绘图箱中的"测距"工具，将鼠标指针移动到电机轴孔的圆心处，按下鼠标左键不放并移动至灯盒边缘处，测出两点的距离为 37.67mm，如图 3-23 所示。这个尺寸就是可以放在电机轴上的圆形转盘的最大半径，这里将转盘的半径设定为 35mm。

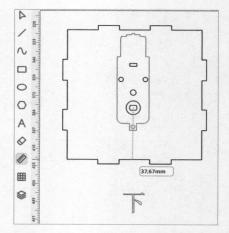

图 3-23　测量电机轴孔到前面板边缘的距离

（2）单击绘图箱中的"椭圆"工具，按住 Ctrl 键，在绘图区绘制直径为 70mm 的圆，如图 3-24 所示。

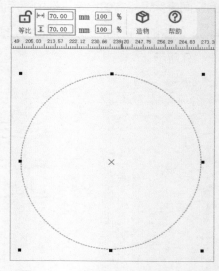

图 3-24　绘制直径为 70mm 的圆

（3）为转盘添加电机轴孔，让转盘可以安装在电机上，选中图库面板"机械零件"中的"TT孔位"，将图形拖曳到转盘的中心位置，如图 3-25 所示。

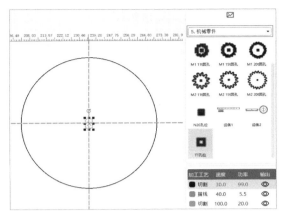

图 3-25　调用"TT 孔位"图形并将其移动至
转盘中心

◆ 排版

最后，还需要将用来辅助绘图的多余文字
和线条删除。按住键盘上的 Ctrl 键，依次选
中标注文字和辅助线，单击鼠标右键选择"删
除"，调整图形的位置，效果如图 3-26 所示。
单击工具栏中的"文件"选项并选择"保存"，
将文件保存。

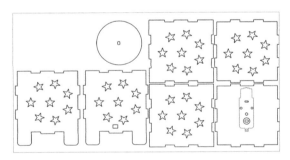

图 3-26　炫彩灯光盒设计图纸

3.4　激光加工

完成设计图纸，下面就可以进行实物切
割了。本次炫彩灯光盒的设计包含描线和切割
两种加工工艺，除了 TT 电机的轮廓采用描线
工艺，其余都需要切割。根据激光切割机的型
号，检查确认描线和切割两种加工工艺的速度
和功率，再将图纸文件传入激光切割机。调整
激光切割机的焦距、定位及边框，按下"启动"
按钮开始作品的切割。炫彩灯光盒切割完成的
结构件如图 3-27 所示。

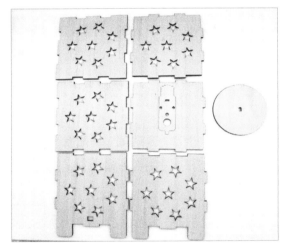

图 3-27　炫彩灯光盒切割完成的结构件

3.5　组装模型

拿到造物工厂加工好的零件，我们需要
先确认电路连接，再着手组装炫彩灯光盒。

3.5.1　电路连接

为了方便组装，我们需要提前绘制好器
材的接线图，如图 3-28 所示。

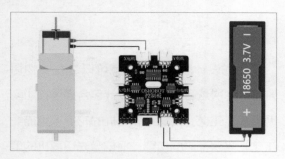

图 3-28　电路连接示意

3.5.2　结构组装

我们依次将各部分器材用螺栓、螺母固定到相应位置，并拼装灯盒，具体步骤如下（见图 3-29～图 3-31）。

第 1 步，取出 TT 电机、底座和螺栓、螺母。

第 2 步，使用螺栓、螺母将电机固定在底板上。

第 3 步，取出灯盒的前、后面板。

第 4 步，将 TT 电机连接线穿过后面板，把前、后面板和底板组装在一起。

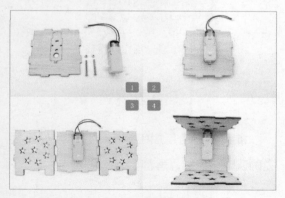

图 3-29　结构组装第 1 步～第 4 步

第 5 步，取出灯盒的左、右面板。

第 6 步，将左、右面板拼装到底板上。

第 7 步，取出转盘和 LED 灯串。

第 8 步，将转盘固定到 TT 电机的转轴上，再把 LED 灯串放在转盘上。

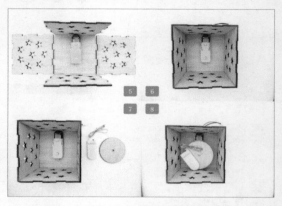

图 3-30　结构组装第 5 步～第 8 步

第 9 步，取出 18650 电池和接收器。

第 10 步，将 TT 电机、18650 电池与接收器连接。

第 11 步，取出灯盒的上面板。

第 12 步，打开 LED 灯串开关，盖好上面板。

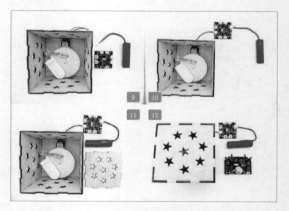

图 3-31　结构组装第 9 步～第 12 步

完成组装后，我们还需要对炫彩灯光盒进行调试，成品效果如图 3-32 所示。

图 3-32　炫彩灯光盒效果

3.6　总结

在本项目中，我们学习了 LaserMaker 软件中的"环形阵列"和"造物"工具的使用方法，也进一步熟悉了图库调用、图形尺寸调整等操作，学会了使用"并集"工具为灯盒添加支撑脚，完整地体验了由设计图纸到搭建实物的整个过程，项目总结如图 3-33 所示。

有了炫彩灯光盒的加入，M 星球游乐场的夜晚显得格外炫彩夺目，这个出色的项目也得到了 M 星球的认可。让我们一起跟着设计师们去准备下一个游乐场设施的制作吧。

3.7　思考拓展

小伙伴们，在展示作品时，我们发现控制 LED 灯串的亮灭需要频繁打开灯盒，但绘制灯盒过程时设置的激光补偿值大大增加了灯盒的打开难度。有没有什么方法可以改善这种情况呢？比如给灯盒设计个盖子，把灯盒的外观设计成礼物的造型？你有什么更好的想法吗？另外，你还可以为灯盒设计一些更丰富的造型图案。一起开动脑筋想一想吧。

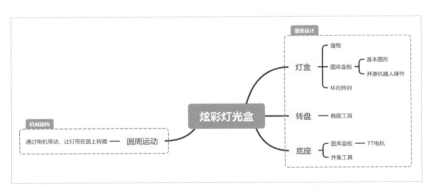

图 3-33　炫彩灯光盒项目总结思维导图

04 幸福摩天轮

4.1 项目起源

在地球上的一些游乐场和大型公园中，摩天轮是一项很受欢迎的设施，它是一种大型转轮状的机械建筑，转轮边缘挂着供乘客乘搭的座舱，随着摩天轮慢慢旋转，乘客可以从不同的高度欣赏周围的美景。为了让 M 星球的居民们也能够享受到这种快乐，激光造物工厂的设计师们开始着手为 M 星球的游乐场设计一个摩天轮。

4.2 确定设计方案

4.2.1 分析作品

地球上各种各样的摩天轮为我们提供了丰富的样本，因此，我们只需要参考其中一款，观察它是什么样子的，它的组成部分有哪些，然后展开自己的设计（见图 4-1）。

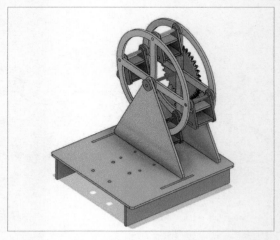

图 4-1 摩天轮三维效果

从外观来看，摩天轮由可以转动的轮盘、轮盘上悬挂的座舱、支撑轮盘的支架、带动轮盘旋转的动力装置，以及固定支架的底座组成，如图 4-2 所示。

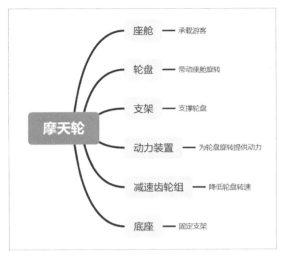

图 4-2　摩天轮的基本组成

4.2.2　器材清单

经过初步分析，确定了摩天轮的基本组成部件，接下来，我们就可以根据部件，寻找合适的材料来制作摩天轮了。结合激光造物工厂中的现有材料，可以确定所需的器材，见表4-1，电子器材如图 4-3 所示。

表 4-1　制作摩天轮所需的器材

序号	名称	数量
1	2.4GHz 遥控器（带电池）	1个
2	2.4GHz 接收器	1个
3	TT 电机（220:1）	1个
4	18650 电池（带线）	1节
5	椴木板（400mm×600mm×3mm）	1张
6	螺栓、螺母、铜柱	若干
7	直径 4mm 圆木棒	若干

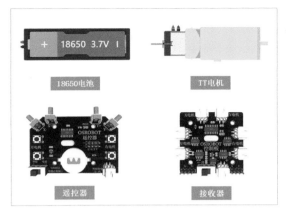

图 4-3　制作摩天轮所需的电子器材

4.3　作品结构设计

为了让摩天轮能够正常运转，结构设计是重中之重。

4.3.1　建立零件表

根据对摩天轮的结构分析，我们可以确定作品需要设计的结构零件，见表 4-2，本次作品设计的结构零件总共有 5 种，各结构零件的位置如图 4-4 所示。

表 4-2　摩天轮的结构零件

序号	名称	数量	功能
1	座舱	4个	承载游客
2	轮盘	2个	带动座舱转动
3	减速齿轮组	1组	为轮盘的旋转减速
4	支架	2个	连接轮盘与底座，固定电机
5	底座	1个	固定支架、电池、接收器

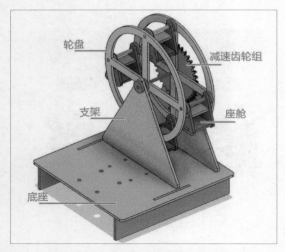

图 4-4　摩天轮结构零件的位置

4.3.2　激光建模

参考结构零件表，我们就可以理顺思路，开始进行激光建模了。

◆　绘制支架

支架是摩天轮的重要组成部分，我们采用三角形的结构。

（1）调整"TT 电机"图形。为了让摩天轮的结构更加紧凑，支架的尺寸可以由 TT 电机的尺寸大致确定，如图 4-5 所示，将 TT 电机固定在支架上。

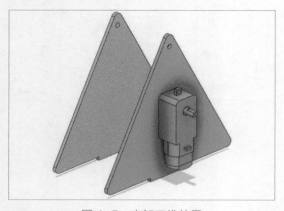

图 4-5　支架三维效果

打开 LaserMaker 软件，从图库面板的"开源机器人硬件"中选择"TT 电机"图形，拖曳到绘图区，查看 TT 电机的尺寸，如图 4-6 所示，并右键单击"TT 电机"图形，使用"群组"功能将图形组合。

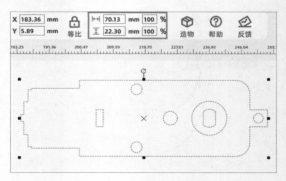

图 4-6　查看 TT 电机的尺寸

选中"TT 电机"图形，使用"旋转"功能，将图形旋转 270°，如图 4-7 所示。

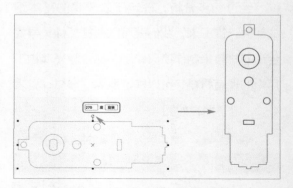

图 4-7　旋转"TT 电机"图形

（2）确定 TT 电机位置。从图库面板的"基本图形"中将"正三角形"拖曳到绘图区，调整正三角形的大小（等比调整宽高），与 TT 电机尺寸对比，大致确定正三角形的宽为 140mm，高为 121.24mm。为了让支架更美观，我们可以使用"圆角"工具对正三角形进行圆角处理（圆角半径为 4mm）。将 TT 电机拖曳到支架适当位置，使用"对齐工具箱"将两者水平居中对齐，如图 4-8 所示。

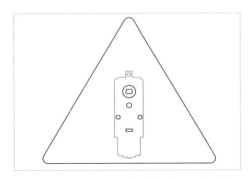

图 4-8　将 TT 电机与支架水平居中对齐

（3）绘制支架的榫头。使用"矩形"工具，绘制一个宽 40mm、高 3mm 的矩形作为支架的榫头，拖曳矩形，将矩形的上边缘与三角形下边缘重叠，选中矩形和三角形，使用"对齐工具箱"将两者水平居中对齐，再使用"并集"工具将两者合并在一起，形成摩天轮支架的雏形，如图 4-9 所示。

图 4-9　摩天轮支架的雏形

◆　绘制减速齿轮组

为了让游客能够有更加舒适的体验，摩天轮轮盘的转动通常是比较慢的。因此，在设计摩天轮时，我们也要考虑轮盘转速的问题。除了使用单节 18650 电池，使用减速比更高的

电机、设计减速齿轮组也是降低轮盘转速的有效手段，减速齿轮组三维效果如图 4-10 所示。

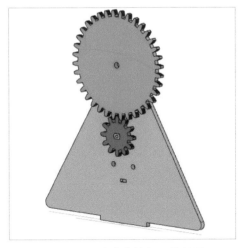

图 4-10　减速齿轮组三维效果

（1）确定减速齿轮组的齿轮中心距。使用"测距"工具，测量 TT 电机轴中心到支架顶端的距离为 59.62mm，如图 4-11 所示。在实际测量中，这个距离与 TT 电机放置的位置有关，以实际距离为准。

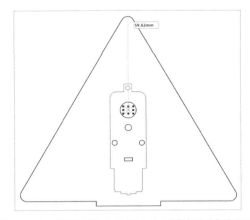

图 4-11　测量 TT 电机轴中心到支架顶端的距离

由于轮盘和齿轮的轴采用直径为 4mm 的圆木棒，且考虑到轴不能太靠近支架上边缘，结合 TT 电机轴中心到支架顶端的距离，

两个轴孔的中心距应小于50mm为宜，如图4-12所示。

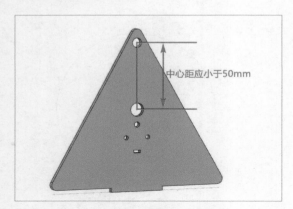

图4-12　减速齿轮轴孔的中心距

（2）绘制模数齿轮。单击工具栏中的"造物"工具，选择"模数齿轮"，齿轮参数"模数"设置为2，齿轮1的轴承直径为3mm，"齿轮数量"为12，齿轮2的轴承直径为4mm，"齿轮数量"为36，"中心距"自动确认为48mm，符合设计要求，单击"确认"按钮，如图4-13所示。

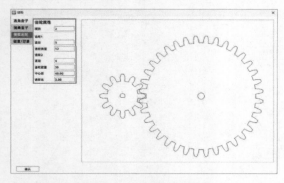

图4-13　绘制模数齿轮

（3）调整模数齿轮。由于TT电机轴孔与模数齿轮的D形孔不匹配，需要将D形孔改为TT电机的轴孔。选中并删除齿轮1的D形孔，从图库面板的"开源机器人硬件"中选择"TT电机孔"图形，拖曳到绘图区，使用"对齐工具箱"将两者分别水平和垂直居中对齐。为了防止安装齿轮后，齿轮啮合紧密造成卡死，我们可以选中齿轮1，将其向左移动1mm（X坐标减1），这样就完成了减速齿轮组的绘制，效果如图4-14所示。

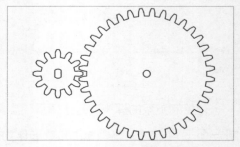

图4-14　减速齿轮组

（4）确定减速齿轮组的位置。选中两个齿轮，使用"旋转"工具将它们旋转270°，单击鼠标右键，选择"群组"功能将两者组合。将两个齿轮拖曳到支架上，让齿轮的TT电机轴孔与支架上的TT电机轴孔重合，以此确定减速齿轮组的位置，这时齿轮2的轴孔也可以作为支架上的4mm轴孔，如图4-15所示，轴孔的位置是相对合理的。

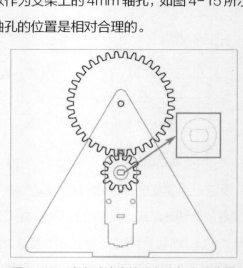

图4-15　确定减速齿轮组在支架上的位置

（5）复制得到最终的支架。选中支架轮廓和轴孔，单击右键复制、粘贴后得到一个支架，用"文本"工具标注"摩天轮"，图层设置为红色；再选中支架轮廓、TT电机和轴孔，复制、粘贴后得到另一个支架，如图4-16所示。

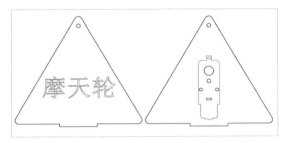

图4-16　最终的支架图纸

◆ **绘制轮盘**

轮盘是摩天轮的关键部件，它带动座舱转动，可以让人们看到更美丽的风景，图4-17所示的两个绿色的圆形部件为轮盘。

图4-17　轮盘三维效果

（1）测量轮盘轴中心到支架底部的距离。为了保证轮盘转动时，座舱不会触底，我们在设计轮盘和座舱之前，需要测量支架的尺寸。

使用绘图箱中的"线段"工具，将榫头上面的两点连接起来，绘制一条绿色线段，作为测量辅助线；使用"测距"工具，测量支架上的轴孔中心到辅助线的距离为106.62mm，如图4-18所示。

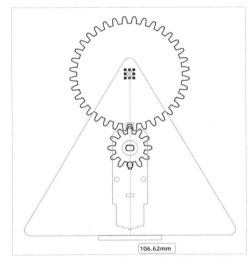

106.62mm

图4-18　测量支架上的轴孔中心到辅助线的距离

（2）绘制轮盘的轮廓。为了让摩天轮的轮盘与座舱的尺寸更为协调，根据上一步测得的距离，我们可以将轮盘的半径设为70mm，即轮盘的直径为140mm。

使用"椭圆"工具绘制一个直径为140mm的圆，选中该圆，再使用绘图箱中的"偏移曲线"工具，设置"偏移尺寸"为20mm，"偏移方式"为向内偏移，单击"确认"按钮，得到一组同心圆，如图4-19所示。

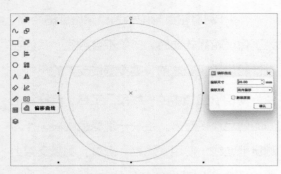

图 4-19　绘制轮盘的轮廓

（3）绘制轮盘的内部。使用"矩形"工具绘制一个宽 130mm、高 10mm 的矩形，复制一个该矩形并将其旋转 90°，然后，使用"对齐工具箱"分别将两个矩形水平和垂直居中对齐，使用"并集"工具将两个矩形合并，得到一个空心的"十"字图形，如图 4-20 所示。

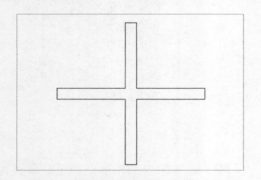

图 4-20　绘制轮盘内部的"十"字图形

（4）组合出轮盘的雏形。使用"对齐工具箱"将"十"字与同心圆水平、垂直居中对齐。选中"十"字，使用"差集"工具取差集，即可得到轮盘的雏形，将其坐标设为（300,100），如图 4-21 所示。

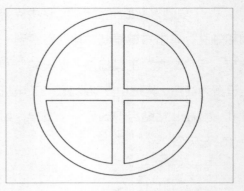

图 4-21　组合出轮盘的雏形

（5）绘制座舱轴孔。使用"椭圆"工具绘制一个直径为 4mm 的圆，将其移动到轮盘上方的合适位置作为座舱轴孔。选中该圆，使用"阵列"工具中的"环形阵列"工具，设置"开始角度"为 0°，"步距角度"为 90°，"复制数量"为 4，中心点坐标为（300,100），单击"确认"按钮，完成轮盘上座舱轴孔的绘制，如图 4-22 所示。选中轮盘所有图形，单击鼠标右键，使用"群组"工具将其组合。

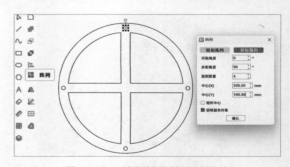

图 4-22　绘制轮盘的座舱轴孔

（6）确定轮盘位置。拖曳轮盘，使轮盘与支架上的轴孔居中对齐，确定轮盘的位置，如图 4-23 所示。由于支架与轮盘通过同样的 4mm 圆木棒连接，此时支架上的 4mm 轴孔也可以作为轮盘的轴孔。

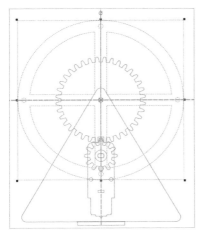

图 4-23　确定轮盘在支架上的位置

◆ **绘制座舱**

（1）确定座舱高度。为了保证摩天轮的顺利运转，座舱运动到最下面时不能触底，在绘制座舱之前，首先通过测量，确定座舱的高度。

使用绘图箱中的"测距"工具，测量轮盘最低轴孔到底座的距离为 41.47mm，如图 4-24 所示。以此尺寸为参考，确定座舱的高度最好不要超过 41mm。测量完成后，可以选中绿色的辅助线，按 Delete 键将其删除。

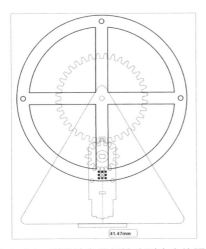

图 4-24　测量轮盘最低轴孔到底座的距离

（2）绘制座舱侧面。从图库面板的"基本图形"中将"正三角形"拖曳到绘图区，将其尺寸修改为宽 30mm、高 48mm。使用"圆角"工具对 3 个角进行圆角操作，圆角半径为 4mm。使用"椭圆"工具绘制一个直径为 4mm 的圆作为轴孔，拖曳到适当位置。使用"矩形"工具绘制两个宽 10mm、高 3mm 的矩形作为座舱底座和顶棚的卯眼，将其拖曳到合适位置并水平居中对齐，完成座舱的侧面，如图 4-25 所示。

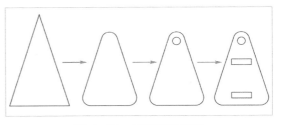

图 4-25　绘制座舱侧面

（3）绘制座舱顶棚和座舱底座。使用"矩形"工具绘制一个宽 14mm、高 24mm 的矩形，作为座舱顶棚的主体。再绘制两个宽 10.1mm、高 3mm 的矩形作为座舱顶棚的榫头，将两个榫头矩形拖曳到座舱顶棚矩形的上下两边处，分别与座舱顶棚矩形水平居中对齐。然后，使用"并集"工具将三者合并，形成座舱的顶棚。

绘制一个宽 25mm、高 24mm 的矩形作为座舱底座的主体，采用同样的操作，绘制出座舱的底座，如图 4-26 所示。

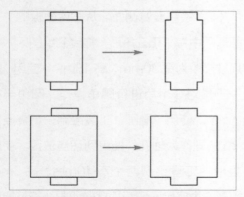

图 4-26　绘制座舱顶棚和座舱底座

孔重叠，确定座舱运动到最底部时的位置。从图 4-27 中可以看出，座舱并不会触底。

（4）确定座舱运动到最底部时的位置。选中座舱侧面的所有图形，单击鼠标右键，使用"群组"功能将它们组合，将座舱侧面拖曳到轮盘上，使座舱轴孔与轮盘上最低的座舱轴

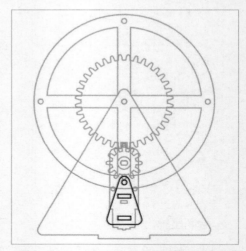

图 4-27　确定座舱运动到最底部时的位置

（5）复制得到所有座舱的零件。在摩天轮的设计中，采用了 4 个座舱，每个座舱由 2 个座舱侧面、1 个座舱顶棚和 1 个座舱底座组成，由此可以算出，4 个座舱最终的零件数量为：8 个座舱侧面、4 个座舱顶棚和 4 个座舱底座。按照这个数量分别复制得到座舱的所有零件，如图 4-28 所示。

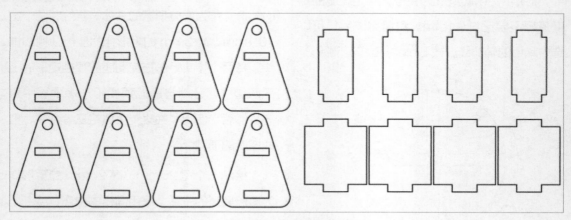

图 4-28　4 个座舱的最终图纸

（6）绘制垫片。为了保证摩天轮能够顺畅地运转，我们需要在轮盘与支架、轮盘与座舱之间增加垫片，其中轮盘与支架、轮盘与座舱之间的垫片数量分别为 4 个和 8 个，共计12 个；另外，由于轮盘与支架处增加了垫片，TT 电机轴与小齿轮连接处也需要增加 1 个垫片，如图 4-29 所示。

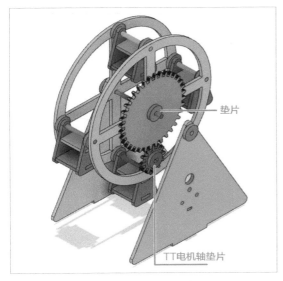

图 4-29　垫片三维效果

使用"椭圆"工具分别绘制直径为 4mm和 15mm 的圆，使用"对齐工具箱"将两者水平、垂直居中对齐，形成同心圆，作为轮盘轴的垫片。选中垫片，通过复制得到 12 个垫片。

再绘制一个直径为 15mm 的圆，从图库面板的"开源机器人硬件"中选择"TT 电机孔"图形，拖曳到圆中，使用"对齐工具箱"将圆与 TT 电机孔水平、垂直居中对齐，得到TT 电机轴的垫片，如图 4-30 所示。

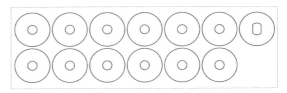

图 4-30　垫片的最终图纸

◆　绘制底座

（1）确定支架卯眼位置。摩天轮的支架是固定在底座上的，因此在绘制底座之前，我们需要确定支架卯眼的位置。

在座舱底座和顶棚的绘制中，我们可以确定座舱宽度为 30mm，加上座舱两侧的垫片，可以计算出两个轮盘之间的间隔为 36mm，加上两个轮盘的厚度 6mm，再加上齿轮厚度3mm 和齿轮垫片的厚度 3mm，以及另一侧轮盘的垫片的厚度 3mm，可以确定支架之间的理论距离为 51mm，为了能够让轮盘及座舱能够顺滑转动，支架之间的距离应该比理论距离略大一点。因此，将支架卯眼之间的距离设置为 53mm，如图 4-31 所示。

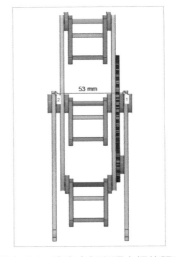

图 4-31　确定支架卯眼之间的距离

（2）绘制支架卯眼。由于支架榫头的宽为40mm，高为3mm，为了让支架能够更加紧密地嵌入底座，卯眼的尺寸应该比榫头略小。

使用"矩形"工具绘制一个宽39.5mm、高3mm的矩形，选择"列阵工具"中的"矩形阵列"，在弹出的窗口中设置"水平个数"为1，"垂直个数"为2，"垂直间距"为53mm，"隔列偏移"为0mm，单击"确认"按钮，即可得到两个支架卯眼，如图4-32所示。

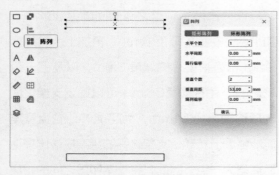

图4-32 绘制支架卯眼

（3）绘制底座平面。底座平面除了固定支架，还需要固定18650电池和OSROBOT控制板（接收器），因此，我们需要在底座平面上规划好它们的位置。

从图库面板选择"开源机器人硬件"选项中的"单节18650电池"，拖曳到支架卯眼的下方。再选择"2.0控制板（内置）"，拖曳到18650电池的下方。

结合支架卯眼位置和支架尺寸，进行简单的排版，大致确定底座平面的尺寸为160mm×160mm。

使用"矩形"工具绘制一个宽160mm、高160mm的正方形作为底座平面的雏形。使用"圆角"工具对正方形进行圆角操作，圆角半径为4mm。

18650电池和接收器均固定在底座平面的下方，因此，底座平面也需要两个支架。

使用"矩形"工具绘制2个宽3mm、高50mm的矩形作为底座支架的卯眼，将它们拖曳到底座平面合适位置，如图4-33所示。

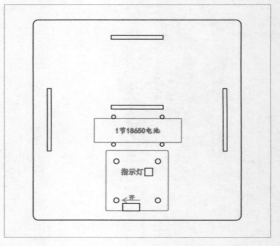

图4-33 绘制底座平面

（4）绘制底座支架。根据18650电池的尺寸，我们可以将底座支架的高度设为30mm。

使用"矩形"工具绘制一个宽160mm、高30mm的矩形作为底座支架的雏形，再绘制一个宽40mm、高3mm的矩形作为底座支架的榫头。拖曳底座支架榫头，与底座支架矩形上方重叠并水平居中对齐。使用"并集"工具将两者合并，得到一个底座支架。再复制一个底座支架即可，如图4-34所示。

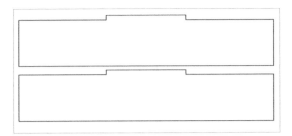

图 4-34　绘制底座支架

◆ 排版

将图形排版，得到摩天轮的最终的设计图纸，如图 4-35 所示。

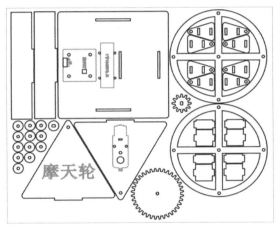

图 4-35　摩天轮设计图纸

4.4　激光加工

设置加工工艺后打开激光切割机，将图纸文件上传到激光切割机上，开始切割板材，切割完成的实物如图 4-36 所示。

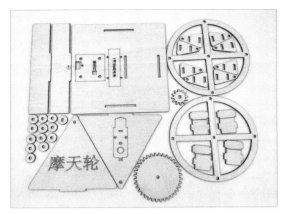

图 4-36　摩天轮结构零件实物

4.5　组装模型

4.5.1　电路连接

为了让摩天轮能够顺利地工作，我们可以参照图 4-37 进行电路连接。

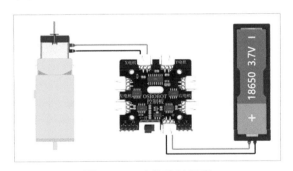

图 4-37　电路连接示意

4.5.2　结构组装

我们按照如下步骤（见图 4-38~图 4-41）组装模型。

第 1 步，取出座舱的相关零件。

第 2 步，将 4 个座舱组装好。

第 3 步，取出轮盘的相关零件。

第 4 步，用 4mm 圆木棒和垫片，将座舱和轮盘组装到一起，用热熔胶将圆木棒的边缘与轮盘的座舱轴孔黏合，两个轮盘与座舱之间保留一点空隙，保证轮盘转动时，座舱可以始终垂下。

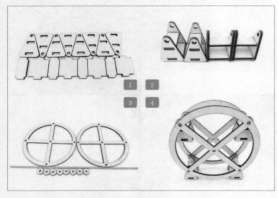

图 4-38　结构组装第 1 步～第 4 步

第 5 步，取出 TT 电机和减速齿轮组、支架等相关零件。

第 6 步，用螺栓、螺母将 TT 电机固定在支架上。

第 7 步，将电机轴垫片安装到 TT 电机轴上。

第 8 步，将小齿轮安装到 TT 电机轴上。

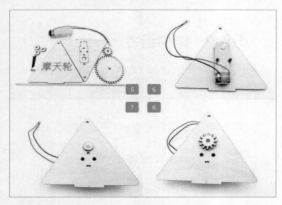

图 4-39　结构组装第 5 步～第 8 步

第9步，将大齿轮轴孔与轮盘轴孔对齐后，用胶将两者黏合在一起。

第 10 步，用 4mm 圆木棒将轮盘与支架串在一起。

第 11 步，取出底座、接收器、铜柱、螺栓和螺母等零件。

第 12 步，将铜柱固定到接收器上。

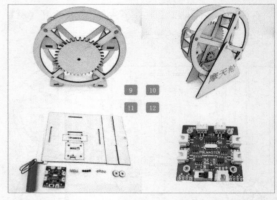

图 4-40　结构组装第 9 步～第 12 步

第 13 步，将接收器固定到底座上。

第 14 步，用扎带将电池固定到底座上。

第 15 步，安装底座支架。

第 16 步，将支架固定到底座上，轮盘轴两侧加上垫片，用热熔胶固定。

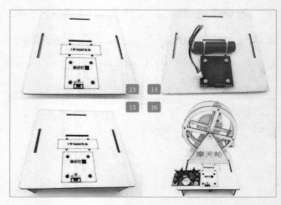

图 4-41　结构组装第 13 步～第 16 步

4.6   总结

本次我们利用齿轮传动设计制作了一个摩天轮。在设计的过程中，我们用"造物"工具的"模数齿轮"绘制了减速齿轮组；在激光切割过程中，我们进一步熟悉了激光切割的加工工艺。从作品的设计到加工、制作，我们完整地体验了由设计图纸到搭建实物的整个过程，也顺利地完成了 M 星球游乐场的摩天轮订单。项目总结如图 4-42 所示。

4.7   思考拓展

本项目设计制作的摩天轮模型，基本上实现了摩天轮的功能，大家能否继续改进一下呢？比如增加座舱的数量，通过多个齿轮继续降低摩天轮的转动速度。

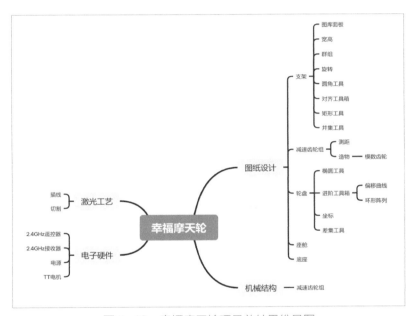

图 4-42   幸福摩天轮项目总结思维导图

套圈游戏

（图片来源：《巧虎疯狂套圈圈》）

5.1 项目起源

游乐场中的套圈游戏总能吸引大小朋友驻足去体验。玩家只要能套中礼物，就可以把礼物带回家。这一看似简单的游戏实际上非常具有挑战性，玩家不仅需要灵活协调身体的平衡性，也需要动脑思考投掷的角度、力度等。

让我们一起去看一看为 M 星球准备的套圈游戏装置吧。

5.2 确定设计方案

5.2.1 分析作品

常见的套圈游戏中，玩家只需要使用游戏圈套中奖品即可。我们可以在此基础上增加一些挑战，比如改变游戏圈大小、增加投掷距离、变换礼物位置等。例如，我们可以利用 OSROBOT 开源机器人遥控套件来实现礼物位置的变动，这样，M 星球上的玩家需要套中不断移动的礼物才能把它拿走。套圈游戏装置效果如图 5-1 所示。

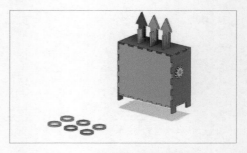

图 5-1 套圈游戏装置效果

在之前的作品中，设计师们使用了遥控套件控制 TT 电机让物体进行圆周运动。这一次，我们可以利用凸轮装置来实现物体运动轨迹的变化，即利用电机控制凸轮进行圆周运动，凸轮再进一步带动礼物架进行直线运动，如图 5-2 所示。

图 5-2　凸轮带动礼物架上下运动

经过细致地分析，我们可以将套圈游戏装置拆解为底座、礼物架、转动装置，以及游戏圈，如图 5-3 所示。

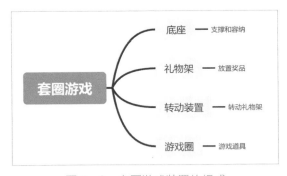

图 5-3　套圈游戏装置的组成

5.2.2　器材清单

紧接着，我们根据需求制作器材清单，并依照清单在激光造物工厂中搜集相应的器材，

所需的器材见表 5-1，电子器材如图 5-4 所示。

表 5-1　制作套圈游戏装置所需的器材

序号	名称	数量
1	2.4GHz 遥控器（带电池）	1 个
2	2.4GHz 接收器	1 个
3	TT 电机（120∶1）	1 个
4	18650 电池（带线）	1 节
5	椴木板（400mm×600mm×3mm）	1 张
6	螺栓、螺母	若干
7	直径 6mm 的圆木棒	1 根

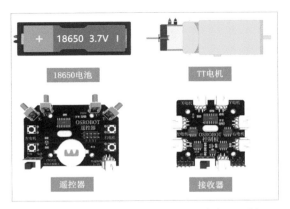

图 5-4　制作套圈游戏装置所需的电子器材

5.3　作品结构设计

5.3.1　建立零件表

接下来，我们制作套圈游戏装置的结构零件表，见表 5-2。

表 5-2　套圈游戏装置的结构零件

序号	名称	数量	功能
1	底座	1 个	固定支架、电池、接收器
2	礼物架	3 个	放置奖品
3	转动装置	1 个	上下移动礼物架
4	游戏圈	6 个	游戏道具

5.3.2 激光建模

前期的准备工作已经完成，现在就让我们一起跟着设计师们在 LaserMaker 软件中进行套圈游戏装置的模型绘制吧。

◆ 绘制底座

我们用立方体盒子充当底座，因为它不仅稳固，而且比球体更能容纳和支撑结构件。同时为了方便 M 星球的工作人员检查和操控游戏装置，我们使用开口盒子。

虽然在 LaserMaker 软件中，直角盒子的绘制只有无顶盖、底盖的设定。但实际上，我们只要稍微变通，后期改变盒子的摆放方式就可以实现无后盖的底座绘制。

（1）打开 LaserMaker 软件，单击工具栏的"造物"，在弹出的窗口中选择"直角盒子"并修改属性，将盒子的长、宽、高分别设置为 126mm、106mm、56mm，同时将"凹槽大小"设置为 10mm，再勾选"无顶盖"，最后单击"确认"按钮，如图 5-5 所示。

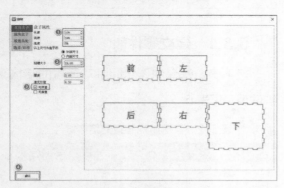

图 5-5 设置开口盒子的参数

（2）为了更好地在各个面板上进行组件设计，我们需要调整面板的位置和相应的提示词。选中右面板，将鼠标指针移动到旋转标记上，在出现的窗口中输入"90"，如图 5-6 所示，单击"旋转"按钮，调整方向后，将面板拖动到原本的下面板的右边。用同样的方法旋转和移动左面板。接着分别将原本的前、后面板拖动到原本的下面板的上、下方。最后将提示词逐个拖动到相应的面板上，并删除多余的提示词，得到与实物组装一致的平面展开图，如图 5-7 所示。

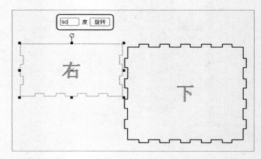

图 5-6 旋转右面板

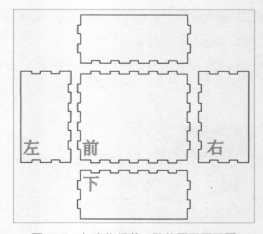

图 5-7 与实物组装一致的平面展开图

（3）我们还需要在盒子上添加套圈游戏的文字内容。单击绘图箱中的"文字"工具，在文本输入框中输入"套圈游戏""一次五圈"，单击"确认"按钮，如图 5-8 所示。

图 5-8 添加盒子上的文字内容

（4）选中文字，将其拖动到盒子的前面板中，由于这是提示文字，在使用激光切割机加工时只需要扫描出痕迹即可，这里需要把默认的切割加工工艺修改为描线加工工艺。再次选中文字，单击图层色板中的"通用描线"，将文本内容更改为描线加工工艺，如图 5-9所示。

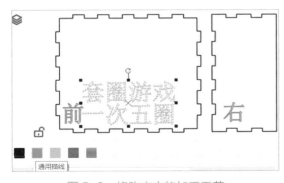

图 5-9 修改文本的加工工艺

（5）由于底座底面需要放置接收器和电池，而用于固定接收器的螺栓、螺母和固定电池的尼龙扎带都会穿过底面板，使原本平整的底座的高度增加，变得摇晃，这里需要为底座设计支撑脚。

选中图库面板"基本图形"中的"圆角矩形"，将图形拖曳到左面板底部的左侧。我们测得左面板左下角的榫头的

宽度是 12.66mm，将矩形的宽高也设为12.66mm，如图 5-10 所示。

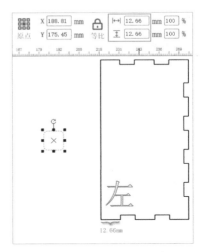

图 5-10 调整圆角矩形大小

（6）将调整好大小的圆角矩形移到左面板的左下角，与左下角的榫头重合。再复制得到一个相同大小的圆角矩形，将它移动到左面板的右下角，与右下角的榫头重合，左面板上的支撑脚如图 5-11 所示。

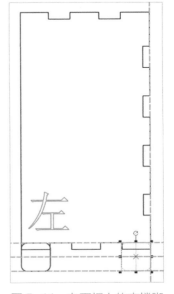

图 5-11 左面板上的支撑脚

（7）这里还需要将绘制的支撑脚与盒子合并。按住键盘上 Ctrl 键的同时用鼠标选中左面板和两个圆角矩形，并单击绘图箱中的"并集"工具将图形整合在一起，如图 5-12 所示。

图 5-12　整合左面板和支撑脚

（8）重复步骤（6）和步骤（7），完成右面板支撑脚的绘制。左、右面板的榫卯结构是相同的，所以这里也可以直接复制一个左面板来替换无支撑脚的右面板。两侧的支撑脚设计完成，如图 5-13 所示。

图 5-13　完成左、右面板支撑脚的绘制

◆　绘制转动装置

盒子绘制完成，接下来就需要在盒子内设计电子部件的固定孔位。这里可以借助绘图箱中的"网格"工具来快速确定各个电子部件的准确位置。

为了使 TT 电机更好地带动凸轮转动，我们用直径为 6mm 的圆木棒代替可以直接插在电机轴上的 2mm 小铁棒。这样就需要增加一组齿轮装置来实现 TT 电机和圆木棒的连接。

确定 TT 电机的位置时，除了要考虑能带动礼物架转动的圆木棒位置，也要考虑接收器的空间。所以我们尽可能将电机放在右面板的边缘，同时与底部保持 7~8mm 的距离。

（1）选中图库面板"开源机器人硬件"中的"TT 电机"，将图形拖到绘图区，并旋转 90°，如图 5-14 所示。

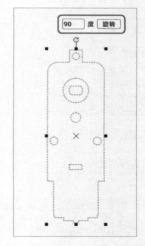

图 5-14　调用并旋转"TT 电机"图形（转轴朝上）

（2）为了使底座内侧的电机带动圆木棒转动，需要在底座外侧绘制齿轮组。参考 TT 电机的大小，选中图库面板"机械零件"中的"M2 11t 圆孔"，将图形拖曳到 TT 电机上，并保持图形与电机轴中心对齐，

如图 5-15 所示。

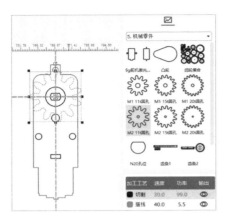

图 5-15　调用"M2 11t 圆孔"图形并
移动到电机轴中心

（3）从图库中再次调用"M2 11t 圆孔"，
使其与 TT 电机上的"M2 11t 圆孔"相啮合，
得到齿轮组，如图 5-16 所示。

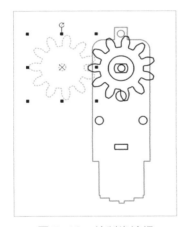

图 5-16　绘制齿轮组

（4）将 TT 电机和齿轮组移动到右面板
上，并使 TT 电机的底部与右面板左侧最下面
的卯眼持平，如图 5-17 所示。

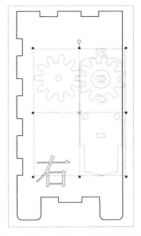

图 5-17　移动电机和齿轮组

（5）TT 电机通过底座外部的齿轮组来
控制圆木棒转动，为了让圆木棒能穿过底座带
动凸轮运动，并减少圆木棒和底座间的摩擦，
提高转动的灵活性，底座上的圆轴孔（安装圆
木棒的孔）可以比圆木棒大一些。选中左侧齿
轮中的内圆，将其宽、高都改为 6.2mm，并
按 Enter 键确认，如图 5-18 所示。

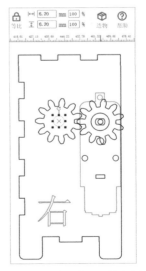

图 5-18　调整右面板上圆轴孔的大小

（6）与圆木棒直接相连的齿轮圆孔则需要比圆木棒直径小一些，使拼接更加牢固，这样齿轮转动的时候，圆木棒也能转动。复制一组齿轮组，放置在右面板旁的空白区域，选中左侧齿轮的圆孔，将其宽、高都设为5.8mm，如图5-19所示。

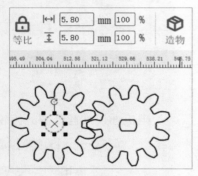

图 5-19　调整齿轮圆孔的大小

（7）删除右面板上不需要的齿轮组，如图5-20所示。

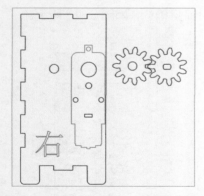

图 5-20　删除右面板上不需要的齿轮组

（8）为了使左面板与右面板上的轴孔位于同一条轴线上，可以复制一个右面板移到左面板旁边，使用绘图箱中的"水平翻转"工具将右面板翻转，如图5-21所示，再删除多余的孔和提示词，仅保留一个圆轴孔。

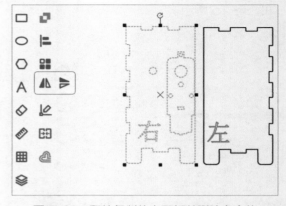

图 5-21　翻转复制的右面板并删除多余的孔和提示词

（9）为了防止圆木棒在转动时脱离左面板，需要在圆木棒左侧增加一个固定齿轮。复制一个带圆孔的齿轮，作为左面板上固定圆木棒的齿轮，如图5-22所示。

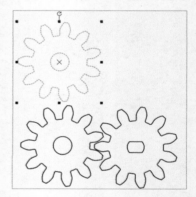

图 5-22　复制得到固定圆木棒的齿轮

◆　绘制礼物架

底座的宽度有限，带动轴转动的电机又放置在底座的内侧，因此我们把礼物架的底托改为纵向排列，这样可以容纳相同的3个礼物架。礼物架由三部分组成，分别是和凸轮有接触的底托、用于套圈的箭头顶部，以及两者间的连接件，如图5-23所示。

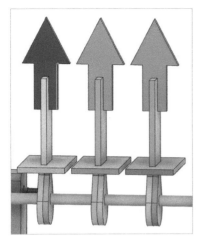

图 5-23　套圈游装置的礼物架

（1）首先我们来绘制底托。底托和连接件是以拼插的形式组装在一起的，我们需要在底托中绘制一个卯眼。单击绘图箱中的"矩形"工具，在绘图区绘制一个宽 25mm、高 50mm 的矩形，在矩形中绘制一个宽 3mm、高 20mm 的小矩形，如图 5-24 所示。

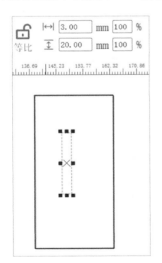

图 5-24　绘制底托和底托卯眼

（2）单击绘图箱中的"选择"工具，用鼠标框选两个矩形，依次单击绘图箱"对齐工具箱"中的水平居中对齐和垂直居中对齐

工具，如图 5-25 所示。再选中两个矩形，旋转 90°。

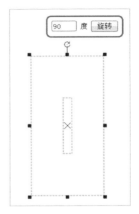

图 5-25　将底托的两个矩形居中对齐

（3）接下来绘制连接件。连接件可以直接与底托的卯眼拼插在一起，组成一个榫卯结构。为了使礼物架拼接得更紧密，可以将连接件的宽度从 20mm 增加到 21mm。绘制一个宽 21mm、高 50mm 的矩形，如图 5-26 所示。

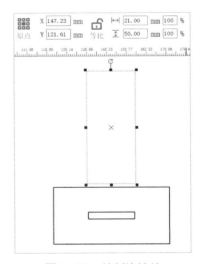

图 5-26　绘制连接件

（4）然后需要在连接件上绘制卯眼，使礼物架的箭头能够竖直插入。在矩形中绘制一个宽 3mm、高 9mm 的小矩形。选中两个矩形，

依次单击"对齐工具箱"中的水平居中对齐和上对齐工具,对齐效果如图 5-27 所示。

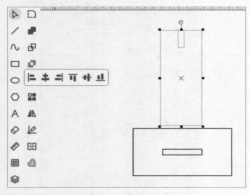

图 5-27　将连接件的两个矩形对齐

（5）选中小矩形,再单击绘图箱中的"差集"工具,完成卯眼的绘制,效果如图 5-28 所示。

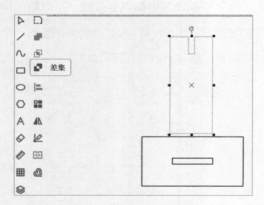

图 5-28　完成连接件卯眼的绘制

（6）接下来绘制礼物架的顶部,也就是悬挂游戏圈的地方。选中图库面板"基本图形"中的"箭头",将图形拖曳到绘图区,并将图形旋转 90°,使箭头朝上。同时将其宽度修改为 25mm,按 Enter 键确定,如图 5-29 所示。

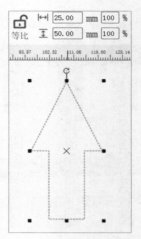

图 5-29　旋转箭头并修改箭头的大小

（7）接着为箭头添加卯眼,这样箭头就可以与前面设计好的连接件紧密地拼插在一起。用"矩形"工具绘制一个宽 3mm、高 9mm 的矩形,选中矩形和箭头,依次单击"对齐工具箱"中的水平居中对齐和下对齐工具,对齐效果如图 5-30 所示。

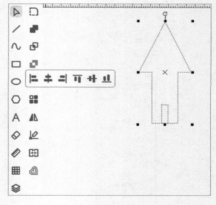

图 5-30　对齐箭头和矩形

（8）选中矩形,单击绘图箱中的"差集"工具,完成礼物架的箭头顶部,如图 5-31 所示。

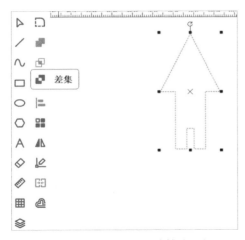

图 5-31　完成礼物架的箭头顶部

（9）到这里，一个完整的礼物架就完成了。根据礼物架和底座的宽度，需要再制作两个相同的礼物架。选中礼物架的所有图形，单击工具箱中的"阵列"工具，选择"矩形阵列"，设置相应的参数，绘制出 3 个相同礼物架，如图 5-32 所示。

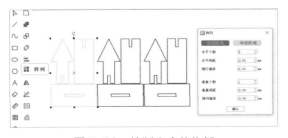

图 5-32　绘制 3 个礼物架

（10）接下来设计最关键的部分——凸轮。凸轮可以通过自身的转动带动礼物架进行直线往复运动。选中图库面板"机械零件"中的"凸轮"，用鼠标把它拖曳到绘图区，如图 5-33 所示，然后将它旋转 180°。同时借助辅助线，我们可以测量得到面板轴孔中心与侧面卯眼底部之间的距离是 18.97mm，如图 5-34 所示。

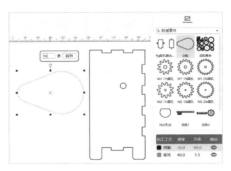

图 5-33　调用图库中的"凸轮"图形

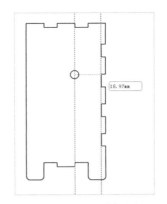

图 5-34　测量面板轴孔中心与侧面卯眼的距离

（11）为了让凸轮在转动时不碰到底座，我们需要调整凸轮的大小。单击菜单栏中的"等比"工具，将图形的比例锁定，将百分值设置为 45%，并按 Enter 键确认，这样就将原图形等比例缩小了，如图 5-35 所示。

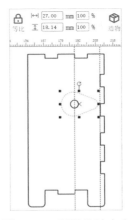

图 5-35　调整凸轮大小

（12）完成凸轮的轮廓，还需要在凸轮中设计轴孔。凸轮的轴孔需要穿过 6mm 的圆木棒，可以使用"椭圆"工具，绘制一个直径为 5.8mm 的圆，将圆拖曳至凸轮的中心。对于凸轮这类不规则图形，可以参考对象原点位置修改圆的坐标，如图 5-36 所示。

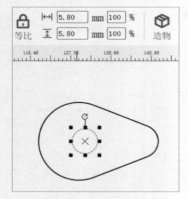

图 5-36　绘制凸轮轴孔

（13）为了使凸轮更好地接触礼物架的底托，可以通过两个凸轮堆叠的方法来增加厚度，进而增大与底托的接触面积。选中凸轮，单击工具箱中的"阵列"工具，选择"矩形阵列"，绘制出 6 个间距为 1mm 的凸轮，参数设置如图 5-37 所示。

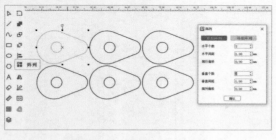

图 5-37　绘制出 6 个凸轮

（14）为了让礼物架能穿过底座灵活地上下运动，需要在底座的上面板上绘制矩形孔。单击"矩形"工具，绘制一个宽 3.5mm、高 21.5mm 的矩形。再使用矩形阵列工具，完成 3 个间距为 25mm（根据底座上面板的宽度和 TT 电机的大小计算得到水平间距）的矩形，如图 5-38 所示。

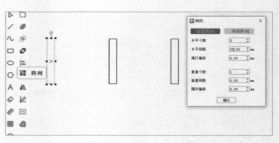

图 5-38　绘制 3 个矩形孔

（15）按住 Ctrl 键，用鼠标依次单击 3 个矩形，将选中的图形移动到底座上面板的中心处，如图 5-39 所示。

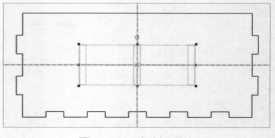

图 5-39　移动矩形孔

（16）单击"网格"工具，然后选中图库面板"开源机器人硬件"中的"2.0 控制板（外置）"，如图 5-40 所示，再将图形拖曳到底座下面板上。

图 5-40 调用图库中的
"2.0 控制板（外置）"图形

（17）在套圈游戏装置的设计方案中，我们需要将电机、电池和接收器都放在底座内，所以这里可以直接删除"2.0 控制板（外置）"图形中多余的穿线孔，如图5-41所示。

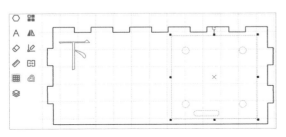

图 5-41 删除"2.0 控制板（外置）"图形中
多余的穿线孔

（18）接收器的固定孔位确定后，接着添加18650电池的固定孔位。这里直接复制接收器上的固定孔作为尼龙扎带的穿线孔。选中接收器上的两个水平的圆孔，单击鼠标右键依次选择"复制"和"粘贴"，并将复制得到的孔移动到底座下面板的另外一侧，如图5-42所示。

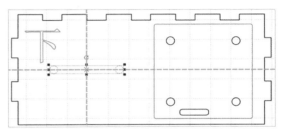

图 5-42 绘制电池固定孔

◆ **绘制游戏圈**

完成了套圈游戏的核心部分，我们还需要绘制最后一个零件，套圈游戏中必备的游戏圈。绘制游戏圈很简单，它由两个直径不同的同心圆组成。

（1）单击"椭圆"工具，按住 Ctrl 键，分别绘制直径为 25mm 和 20mm 的圆，再使用"对齐工具箱"将两个圆水平、垂直居中对齐，如图5-43所示。

图 5-43 绘制游戏圈

（2）使用矩形阵列工具，绘制出 6 个间距为 1mm 的游戏圈，如图5-44所示。

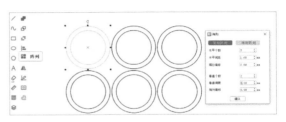

图 5-44 绘制 6 个游戏圈

◆ 排版

套圈游戏装置的所有图形绘制完成，检查无误后，按住 Ctrl 键，选中所有标注文字和辅助线条并将它们删除，并将文件保存到指定文件夹中，如图 5-45 所示。

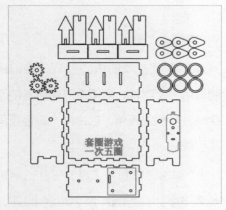

图 5-45　套圈游戏装置设计图纸

5.4　激光加工

完成图纸后，用激光切割机将零件切割出来。在切割前最好再一次检查、确认加工工艺的设置。套圈游戏装置的切割实物如图 5-46 所示。

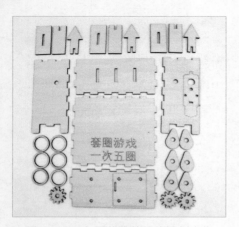

图 5-46　套圈游戏装置的切割实物

5.5　组装模型

5.5.1　电路连接

套圈游戏的电路连接如图 5-47 所示。由于礼物架移动的速度不宜过快，这里我们使用单节 18650 电池和减速比为 120：1 的电机。

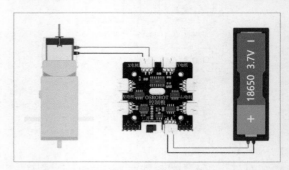

图 5-47　电路连接示意

5.5.2　结构组装

将 TT 电机、1 节 18650 电池和接收器用螺栓、螺母固定到相应位置，并组装底座、礼物架和转动装置，具体步骤如下（见图 5-48~图 5-51）。

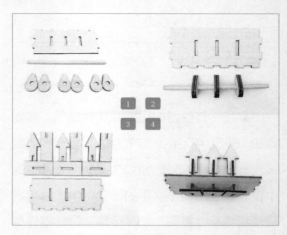

图 5-48　结构组装第 1 步 ~ 第 4 步

第1步，取出凸轮、圆木棒及底座的上面板。

第2步，将凸轮安装在圆木棒上，并根据上面板的矩形孔间距调整凸轮之间的距离。

第3步，取出3个礼物架的底托、箭头顶部，以及中间的连接件。

第4步，先把连接件拼接到底托上，然后让连接件穿过底座上面板和箭头顶部拼接。

第5步，取出底座的左、右面板和齿轮组、转动轴及相关配件。

第6步，先把电机固定在右面板上，再将转动轴穿过左、右面板，两端用圆孔齿轮固定。最后把带有TT电机轴孔的齿轮装在电机上，与转轴上的齿轮啮合。

第7步，取出底座的下面板、18650电池、接收器、尼龙扎带和螺栓、螺母。

第8步，把接收器、18650电池分别用螺栓、螺母和尼龙扎带固定在底座上。

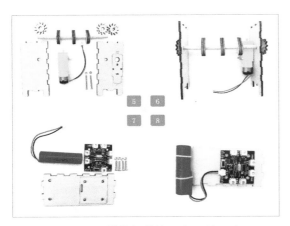

图5-49　结构组装第5步～第8步

第9步，取出底座的下面板和转动装置。

第10步，将转动装置安装在下面板上。

第11步，取出底座的上面板。

第12步，将带有礼物架的上面板安装在底座上。

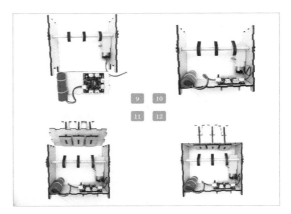

图5-50　结构组装第9步～第12步

第13步，取出带有游戏介绍的前面板。

第14步，安装前面板，同时把游戏圈放在礼物架上。

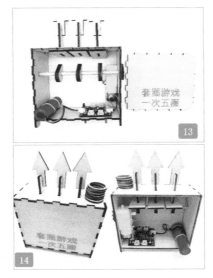

图5-51　结构组装第13步～第14步

5.6 总结

在套圈游戏装置的制作过程中，我们学习了如何使用齿轮传动和凸轮结构将圆周运动转变为直线往复运动，为传统的项目增加了不少乐趣，也吸引了众多 M 星球玩家的目光。项目总结如图 5-52 所示。

造物工厂这一次又出色地完成了任务，听说下一个任务是水上项目，让我们一起去瞧瞧吧。

5.7 思考拓展

本次作品的礼物架使用了木制箭头，玩家可根据游戏圈套中次数来换取相应的礼物。我们是否可以设计一款带有文字提示的礼物架，用更直接的方式来吸引更多的游戏体验者？比如将礼物架改为可以放礼物的盒子？你有更好的想法吗？另外，生活中还有哪些地方也用到了齿轮传动和凸轮结构？我们还可以使用凸轮结构做哪些有趣的作品呢？和身边的朋友来一场头脑风暴吧。

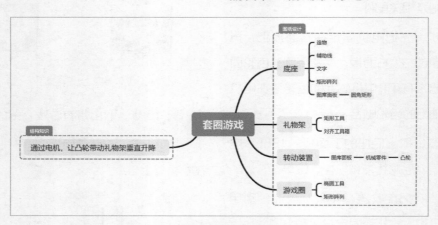

图 5-52　套圈游戏项目总结思维导图

水上游船

6.1 项目起源

到目前为止，激光造物工厂的各项设计工作开展还算顺利。设计师们现在正忙于设计一款新奇有趣、特点突出的水上游船。该水上游船的设计借鉴了明轮船。

明轮船是一种有别于常规用螺旋桨的船只，其在船板两侧安装两个带有很多桨叶的明轮装置（见图6-1），电机转动时会带动明轮装置中的桨叶，桨叶拨动水面，船就动起来了。根据这种原理设计的水上游船一定能满足M星球玩家的好奇心，带给他们更多的快乐。

6.2 确定设计方案

6.2.1 分析作品

我们先来分析水上游船的运动过程，电机带动明轮装置的转盘转动，而转盘上的桨叶又拨动了水面，使船向着相反的方向运动。在之前的作品设计中，例如幸运大转盘、旋转木马等，它们的旋转部分直接与电机轴相连。理论上我们可以采用相同的方法使用电机直接驱动明轮装置，可是本次作品是运行在水面上的，有防水的需要，因此要尽可能地让电机与

图6-1 明轮船的明轮装置

水面保持一定的高度，这时候我们可以设计一个垂直传动的齿轮组，如图6-2所示。

图6-2　垂直传动齿轮组三维效果

垂直方向的齿轮连接到电机轴上，水平方向的齿轮与转盘相连，电机运动时带动垂直方向的齿轮转动，与之啮合的水平方向的齿轮也会运动起来，从而让转盘转动起来。

另外，我们可以考虑在船板的下面增加一层漂浮能力更强的材料，例如KT板或者泡沫板，让船体可以长时间漂在水面上。

通过以上分析，我们可以规划出水上游船的基本组成，如图6-3所示。

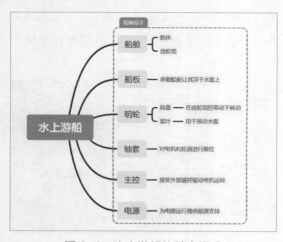

图6-3　水上游船的基本组成

6.2.2　器材清单

确定了水上游船的基本设计方案，接着我们就可以使用激光造物工厂提供的各种零件来制作作品了。在作品中使用遥控器和接收器，可以远程遥控水上游船。本项目所需器材见表6-1，电子器材如图6-4所示。

表6-1　制作水上游船所需的器材

序号	名称	数量
1	2.4GHz遥控器	1个
2	2.4GHz接收器	1个
3	TT电机	1个
4	18650电池（带线）	2节
5	椴木板（400mm×600mm×3mm）	1张
6	螺栓、螺母和尼龙柱	若干
7	KT板（400mm×600mm×3mm）	1张
8	直径4mm、长度约200mm的圆木棒	1根

图6-4　制作水上游船所需的电子器材

6.3　作品结构设计

6.3.1　建立零件表

所有器材准备齐全，接下来进入设计阶段。整个作品可以分为船舱、船板、明轮和轴套 4 种结构零件，见表 6-2，我们按照由内到外的原则进行设计。

合适大小的齿轮。轴承直径穿过齿轮中心。

表 6-2　水上游船的结构零件

序号	名称	数量	功能
1	船舱	1 个	固定齿轮组、电机和接收器
2	船板	1 个	承载船舱，使其浮于水面
3	明轮	1 个	在齿轮组带动下，通过桨叶旋转推动游船前进
4	轴套	10 个	齿轮轴套、明轮限位轴套

6.3.2　激光建模

确定了结构零件后，我们就可以开始进行激光建模了。

◆　绘制船舱

船舱包括舱体和齿轮组。为了避免出现齿轮组与船舱尺寸不匹配的问题，我们可以先设计齿轮组，然后再设计船舱的外壳部分。这个过程中可以根据齿轮组的大小、摆放位置等因素来调整船舱的尺寸。

（1）齿轮组的主动轮安装在电机轴上，从动轮安装在明轮传动轴上，主动轮和从动轮垂直啮合。我们可以使用 LaserMaker 软件中提供的齿轮工具设计齿轮，选择工具栏中的"造物"，在弹出的窗口中选择"模数齿轮"，设置齿轮属性，"模数"为 4，两个齿轮的轴承直径为 4mm，"齿轮数量"为 16，单击"确认"按钮后就可以得到两个大小相同的齿轮，如图 6-5 所示。

这里的模数是决定齿轮大小的参数，齿轮齿数相同时，模数越大，齿轮直径越大。我们可以调整齿轮数量和模数两个参数来生成

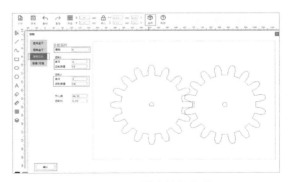

图 6-5　设置齿轮组参数

（2）因为两个齿轮一个装在 TT 电机轴上，一个装在 4mm 的圆木棒上，所以我们要修改左侧齿轮中央的 N20 轴孔。删除该齿轮的 N20 轴孔，在右图库面板的"机械零件"中选择"TT 孔位"，如图 6-6 所示。将图形拖曳到该齿轮中，注意拖曳时要不断调整位置，直到出现的提示辅助线显示孔位位于齿轮的中心位置，如图 6-7 所示。

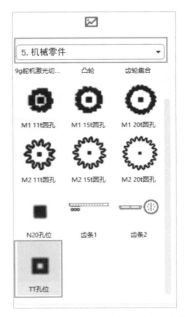

图 6-6　从图库面板中选择"TT 孔位"

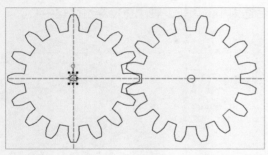

图 6-7　用"TT 孔位"图形替换原来的 N20 轴孔图形

（3）把完成的齿轮图形放在绘图区的一角，接着继续设计船舱的舱体。船舱的主要作用是固定传动装置和电路板，可以将舱体设计成一个立方体的盒子。选择工具栏中的"造物"，在弹出的窗口中选择"直角盒子"，设置盒子的长、宽、高分别为 100mm、80mm、80mm，将"凹槽大小"调整为 20mm，然后单击"确认"按钮，如图 6-8 所示。

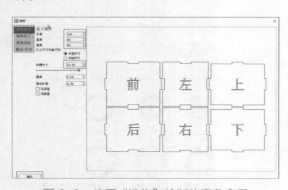

图 6-8　使用"造物"绘制的直角盒子

（4）选中 6 个面上的提示文字并移动到合适位置。在图库面板的"开源机器人硬件"中选择"2.0 控制板（外置）"，将图形放在左面板的中心处（当出现绿色的十字交叉线时表示该图形已位于中心处）；再选择"开源机器人硬件"中的"TT 电机"，将它放置在上面板的中心处，如图 6-9 所示。

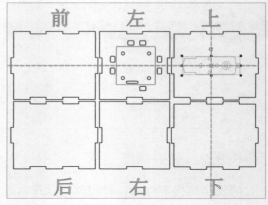

图 6-9　放置"2.0 控制板（外置）"和"TT 电机"图形

（5）我们通过一个立体草图来说明齿轮组的位置关系。如图 6-10 所示，电机与主动轮连接，而从动轮的连接轴依次穿过前面板轴孔、被动轮轴孔、后面板轴孔，为了能使被动轮与主动轮垂直啮合，我们需要确保 3 个轴孔中心在同一直线上。

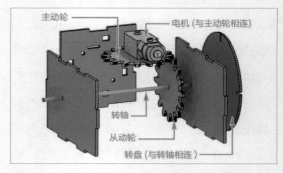

图 6-10　齿轮组与电机组装的三维效果

（6）先确保前、后面板的轴孔对齐。可以将齿轮组的圆孔齿轮放置在前面板上，放置时让齿轮尽量贴着边缘。然后将另一个齿轮放置在后面板上，与前一个齿轮对齐，如

图 6-11 所示。这里通过调整齿轮的位置来确定轴孔的位置，齿轮外轮廓起到了辅助线的作用。

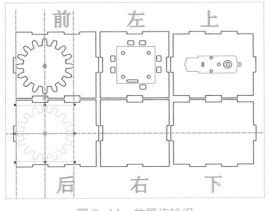

图 6-11　放置齿轮组

（7）调整电机轴孔的位置。把安装电机的上面板移动到后面板的下方，与前、后面板对齐，如图 6-12 所示。可以在 3 个图形的左边增加一条竖直的辅助线，便于观察 3 个图形是否已经对齐。另外，这个过程中需要调整提示文字的位置。

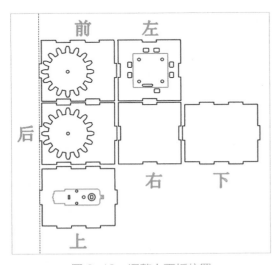

图 6-12　调整上面板位置

（8）可以看到当前的电机轴孔并没有与前、后面板的轴孔在同一直线上，所以还需要调整电机的位置。选中电机图形，然后单击绘图箱的"水平翻转"工具，如图 6-13 所示。

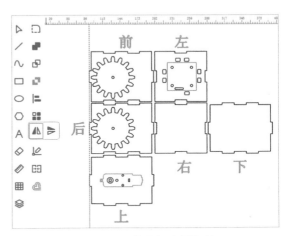

图 6-13　将电机水平翻转

（9）为了保证两块木板中的齿轮轴孔在同一轴心，可以借助辅助线来定位。在绘图的刻度尺上按住鼠标左键后向右方拖曳可以生成竖直的辅助线，我们在前、后面板的轴孔中心处作辅助线。用"选择"工具选中电机图形，单击鼠标右键选择"群组"，再调整电机位置，确保电机轴孔中心与前、后面板的轴孔中心对齐，如图 6-14 所示。

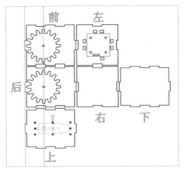

图 6-14　将电机轴孔中心与前、后面板的
轴孔中心对齐

（10）删除两个齿轮的轮廓，只保留轴孔。选择电机图形，解散群组，删除电机的轮廓及电机轴孔中的椭圆形图形，如图 6-15 所示。

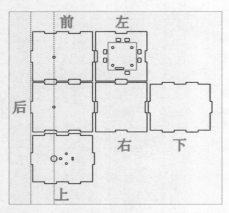

图 6-15　删除齿轮轮廓和电机多余的图形

（11）船舱外壳安装在船板上，我们可以在船板上设计榫卯结构，以便于安装，这就需要修改原本的下面板，去除轮廓，并绘制卯眼。可以采用在下面板上绘制一个矩形，再使用"差集"工具剪掉多余部分的方式来生成卯眼。

（12）选中下面板，通过观察菜单栏的图形尺寸参数，可以得知它的宽为106.4mm，高为 86.4mm，如图 6-16 所示。

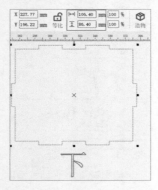

图 6-16　下面板

（13）下面板的水平方向和垂直方向两侧均有榫头，而榫头的长度就是木板的厚度3mm，如图 6-17 所示，将下面板的长度和宽度各减去 6mm 就是图形内部的大小。

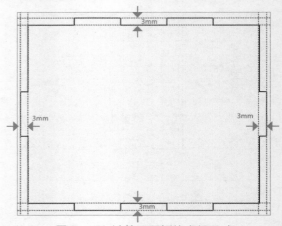

图 6-17　计算下面板的内部尺寸

（14）选择"矩形"工具，绘制一个宽100.4mm、高 80.4mm 的矩形。单击"选择"工具，按 Ctrl 键，选中下面板和矩形，然后单击"对齐工具箱"中的水平居中对齐和垂直居中对齐工具，如图 6-18 所示。

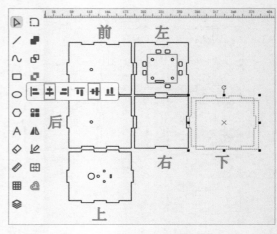

图 6-18　将矩形与下面板对齐

（15）选中矩形，然后单击"差集"工具，得到船板上用于安装船舱的 6 个卯眼，如图 6-19 所示。

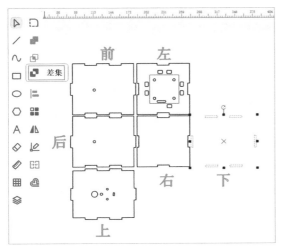

图 6-19 用"差集"工具生成 6 个卯眼

（16）完成船板的卯眼后，还需要将与之相连的面板的底部卯眼改为榫头，但是榫头的尺寸要设置为多少呢？使用激光切割板材时会产生损耗，软件内置的"造物"功能可以根据设置的激光补偿值调整生成图形的尺寸，而我们自己设计榫卯结构时，想要让榫卯结合得更紧密，就需要把激光补偿值考虑在内。

对于宽 20mm、高 3mm 的卯眼，可以匹配宽 20.6mm、高 3mm 的榫头（椴木板的激光补偿值一般为 0.3mm）。因为榫头与卯眼是一一对应的，所以可以通过修改卯眼来制作榫头。在上一步生成的 6 个卯眼中，选择同一水平方向的两个卯眼，复制后与之对齐，然后将两个矩形的尺寸都调整为宽 20.6mm、高 6mm，如图 6-20 所示。

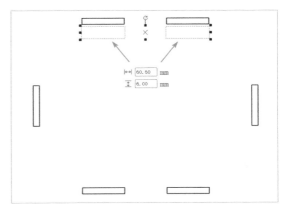

图 6-20 复制卯眼并调整尺寸

（17）将这两个矩形组成群组，并移动到前面板处，矩形与下方的卯眼重叠并居中对齐，如图 6-21 所示，然后就可以解散群组了。通过观察可以发现，这个矩形比卯眼略宽，而且在卯眼下方多出 3mm。

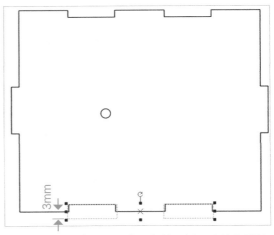

图 6-21 将榫头图形放置在前面板下方的卯眼处

（18）选中前面板和两个矩形，然后单击"并集"工具，原来前面板的卯眼就转换成为榫头了，如图 6-22 所示。

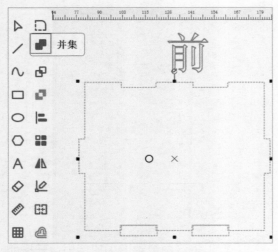

图 6-22 将前面板的卯眼转换为榫头

（19）用同样的方法把宽 20.6mm、高 3mm 的矩形放置在后、左、右面板与下面板相接的卯眼处，通过并集操作，生成相应的榫头，完成后的效果如图 6-23 所示。

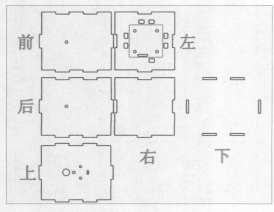

图 6-23 生成榫头后的舱体图纸

◆ 绘制船板

船舱设计完成，接下来继续设计船板。船板一方面要承载位于上方的船舱，另一方面要与底部的 KT 板连接，让船体能够浮于水面。因为明轮位于船的两侧，所以设计时将船板设计为两头宽、中间窄的"工"字形。

（1）在绘图箱中选择"矩形"工具，在绘图区绘制一个宽 100mm、高 280mm 的大矩形和两个宽 160mm、高 50mm 的小矩形。随后调整它们的位置，将小矩形居中放置在大矩形的顶部和底部，这样就得到了一个"工"字图形，如图 6-24 所示。先不急于合并图形，保持分离的状态更有利于后续的对齐操作。

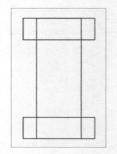

图 6-24 绘制"工"字图形

（2）船板下面需要安装 KT 板，两者如何紧固在一起呢？开孔后用螺栓、螺母紧固自然很方便，可是这样会造成漏水/渗水的问题，所以这里我们使用卡扣来连接。在船板和 KT 板上相同的地方开一个一样大小的卯眼，然后通过一个"U"形的卡扣，将两块板紧固在一起，如图 6-25 所示。

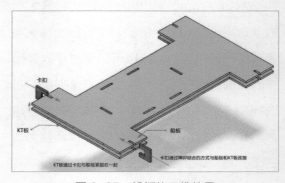

图 6-25 船板的三维效果

（3）先设计卯眼，用"矩形"工具在"工"字形船板的左上角绘制一个宽 10mm、高 3mm 的矩形，如图 6-26 所示。

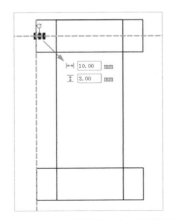

图 6-26　在船板左上角绘制卯眼

（4）用同样的方法在船板的其他 3 个角处绘制相同的矩形，如图 6-27 所示，这个过程可以借助自动显示的辅助线来判断矩形是否对齐。

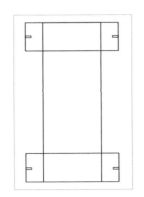

图 6-27　完成船板 4 个角处的卯眼

（5）用"选择"工具选中船板一个角处的矩形，再用"差集"工具生成卯眼，如图 6-28 所示。然后对其余 3 个矩形进行相同的操作。

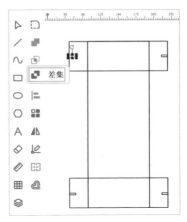

图 6-28　用"差集"工具生成卯眼

（6）设计对应的卡扣。使用"矩形"工具绘制一个宽 20mm、高 20mm 的矩形和一个宽 10mm、高 9mm 的矩形。选中这两个矩形，然后分别单击"对齐工具箱"中的左对齐和水平居中对齐，效果如图 6-29 所示。

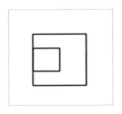

图 6-29　绘制两个矩形并将它们对齐

（7）选中小矩形，然后单击"差集"工具，就能生成卡扣图形了，如图 6-30 所示。

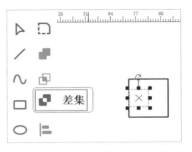

图 6-30　用"差集"工具生成卡扣

（8）根据图 6-25 可知，总共需要绘制 4 个卡扣。选择卡扣图形，然后单击绘图箱中的"阵列"工具，在弹出的窗口中选择"矩形阵列"，设置如图 6-31 所示，单击"确认"按钮后，可以在绘图区看到 4 个相同的卡扣。

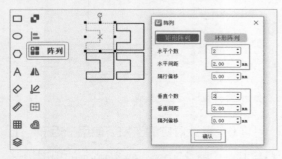

图 6-31　用矩形阵列复制得到 4 个卡扣

（9）接下来设计船板上用于安装舱体的 6 个卯眼。需要注意的是，"工"字两侧是放置转盘的区域，转盘的轴心应与船的中心位于同一条直线上，所以我们要先确认船的中心位置，然后根据中心位置确定卯眼的位置。这一步可以借助辅助线来完成，在绘图区上方的标尺处按住鼠标左键不放，向下拖曳一条辅助线，在到达"工"字图形中间位置时，它会自动变成绿色进行提醒，这时即可松开鼠标左键，如图 6-32 所示。

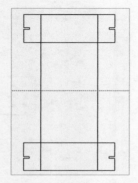

图 6-32　用辅助线标记船板的水平中心位置

（10）现在，我们需要移动船舱前、后、上面板的位置，使前、后面板的轴孔中心与转盘的轴孔中心位于船板的中心线上。先将船舱的图形旋转 90°，如图 6-33 所示。再调整面板的位置，如图 6-34 所示。

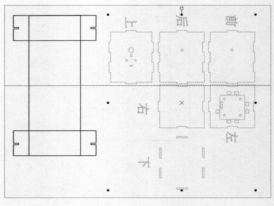

图 6-33　旋转船舱图形

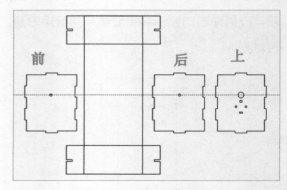

图 6-34　调整面板位置使 3 个轴孔中心位于船板的中心线上

（11）通过中心线确定各个组成图形的相对位置后，就可以将包含 6 个卯眼的下面板图形移动到"工"字图形的中心，软件会自动出现绿色的辅助线来表示图形之间的对齐关系，如图 6-35 所示。

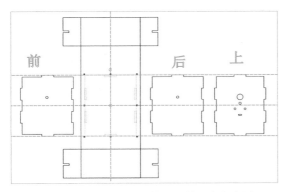

图 6-35　将 6 个卯眼的图形放置在船板上

（12）将船舱剩余的两个面板通过相同
的方式移动到与"工"字图形对齐的位置，然
后使用"并集"工具将"工"字图形的 3 个
矩形合并，如图 6-36 所示。

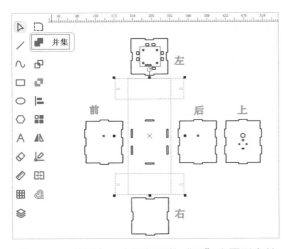

图 6-36　放置左、右面板后将"工"字图形合并

（13）这样船板的设计就完成了。组装
的时候，将前、后、左、右面板与船板连接的
榫头插入船板上的卯眼即可。图 6-37 给出了
各个面板上的榫头与船板上 6 个卯眼之间的
对应关系。

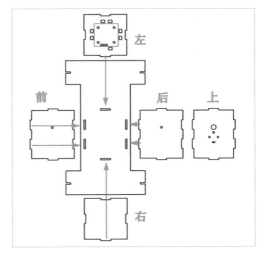

图 6-37　船舱榫头与船板卯眼的对应关系

◆ **绘制明轮**

船板和船舱绘制完成，接下来我们要绘
制明轮船的推进装置——明轮，明轮的外观可
参考图 6-38。明轮一般位于船的两侧或尾部，
外形有点像车轮，边缘装有桨叶。明轮运转的
时候，桨叶向后拨水，水流的反作用力会推动
船体运动。

在本作品设计中，明轮船左、右两侧各
有一个明轮，而且为了让明轮更加坚固耐用，
每个明轮都由两个转盘组成，转盘之间通过
4 个桨叶以榫卯结构相连。

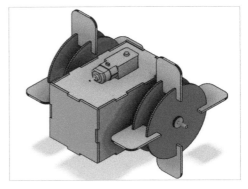

图 6-38　明轮的三维效果

（1）绘制转盘。因为明轮位于船板的两侧，所以转盘的圆心和船舱两侧的孔位也必须在同一直线上，转盘的大小要设置得当，不能触碰到船板。

将之前绘制的两个齿轮放在船板的一侧，摆放时注意让齿轮轴孔中心与船板上的轴孔中心在同一直线上，可以借助辅助线来定位。然后使用"椭圆"工具绘制一个直径为100mm的圆，并在圆心处增加一个直径为4mm的圆孔，将其放置在其他轴孔中心的同一直线上，如图6-39所示。

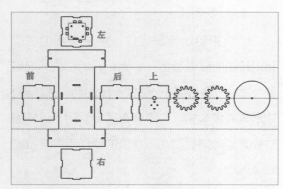

图6-39 使齿轮轴孔中心、圆心与其他轴孔中心位于同一直线上

（2）绘制转盘卯眼，用"矩形"工具在圆的上方绘制一个宽3mm、高8mm的矩形，可通过软件自动出现的两条绿色辅助线来确保该图形位于圆的中心线并且和圆相切的位置，如图6-40所示。

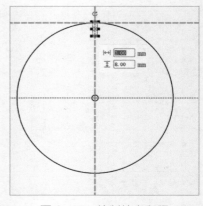

图6-40 绘制转盘卯眼

（3）选中矩形上方中间的调整点向上拖曳一点，让矩形与圆处于相交的状态，如图6-41所示。

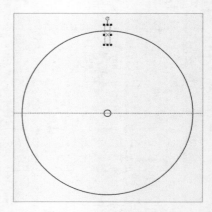

图6-41 调整卯眼位置

（4）我们计划在一个转盘上安装4片桨叶，所以需要再增加3个卯眼。用"选择"工具选择圆形轮廓，记下圆心坐标，如图6-42所示。这里的原点指的是物体中心位置，所以图中的坐标为圆心的坐标。

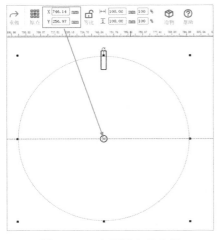

图 6-42 查看圆心的坐标

（5）选中圆上方的矩形，然后单击"阵列"工具。在弹出的窗口中选择"环形阵列"，设置"步距角度"为90°，"复制数量"为4个，中心点坐标设置为步骤（4）记下的圆心坐标，"相对中心"选项不勾选，设置完成后单击"确认"按钮，如图 6-43 所示。

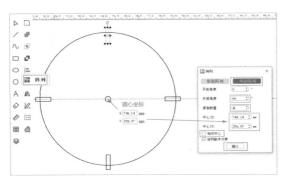

图 6-43 设置环形阵列的参数

（6）逐一选择矩形，单击"差集"工具生成卯眼，就完成了一个转盘图形，如图 6-44 所示。

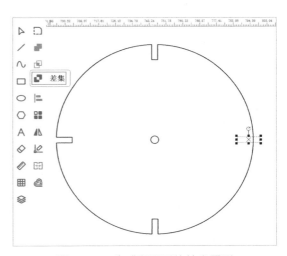

图 6-44 生成卯眼后的转盘图形

（7）选中整个转盘，然后单击绘图箱中的"阵列"工具，选择"矩形阵列"生成4 个转盘，参数设置如图 6-45 所示。

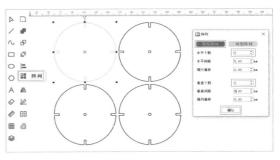

图 6-45 完成 4 个转盘图形

（8）转盘绘制完成后，接着设计桨叶，桨叶与转盘通过榫卯结构拼接在一起，两侧转盘上各安装 4 片桨叶。选择"矩形"工具绘制一个宽 40mm、高 50mm 的大矩形，在大矩形上方绘制一个宽 3mm、高 8mm 的小矩形。然后选中小矩形，使用"矩形阵列"工具复制一个小矩形，如图 6-46 所示。

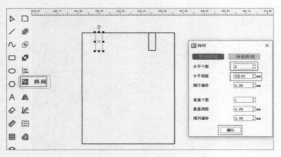

图 6-46　绘制桨叶

（9）选中并移动两个小矩形，使它们对称分布在大矩形的中心线两边，如图 6-47 所示。然后分别选中两个小矩形，使用"差集"工具生成两个卯眼，如图 6-48 所示。

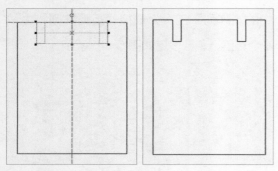

图 6-47　调整小矩形　　图 6-48　生成卯眼
　　　　的位置

（10）选择"圆角"工具对桨叶下方的两个直角进行圆角处理，圆角半径设置为 10mm，如图 6-49 所示。

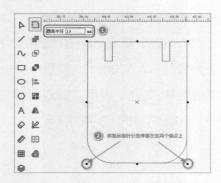

图 6-49　对桨叶的直角进行圆角处理

（11）用"选择"工具选择绘制好的桨叶图形，单击"阵列"工具，选择"矩形阵列"，生成 8 个桨叶，如图 6-50 所示。

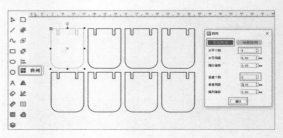

图 6-50　生成多个桨叶

◆　绘制轴套

为了保持转盘的位置不偏移，在明轮左右两侧各增加两个轴套，轴套的位置如图 6-51 所示。

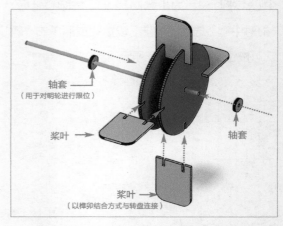

图 6-51　桨叶、转盘和轴套的三维效果

（1）传动轴的直径是 4mm，为了装配时更加牢固，需要将轴套的孔径设置小一些。设置外圆的直径为 15mm，内圆直径为 3.7mm，如图 6-52 所示。

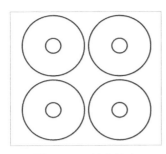

图 6-52 转盘轴套

（2）两个齿轮也需要用轴套来限位，设置外圆直径为 15mm，内圆分别是 TT 电机孔和直径为 3.7mm 的圆，如图 6-53 所示。

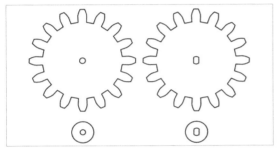

图 6-53 齿轮和对应的轴套

◆ 排版

水上游船所需的所有零件就设计完成了，如图 6-54 所示。

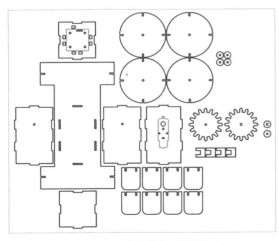

图 6-54 水上游船设计图纸

6.4 激光加工

检查确认描线和切割加工工艺的速度和功率，最后将文件导入激光切割机，切割完成的结构件如图 6-55 所示。

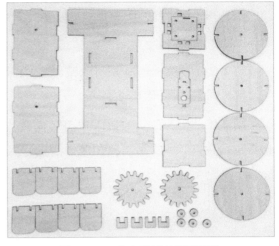

图 6-55 水上游船的切割实物

6.5 组装模型

6.5.1 电路连接

水上游船的电路连接如图 6-56 所示。

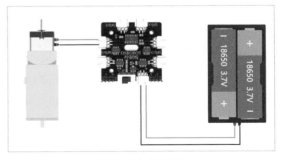

图 6-56 电路连接示意

6.5.2 结构组装

我们按照以下步骤（见图6-57～图6-60）组装水上游船。

第1步，用螺栓、螺母将接收器安装在舱体左面板上。

第2步，用螺栓、螺母将TT电机安装在舱体上面板上。

第3步，取出轴孔为TT孔位的齿轮和轴套，将其固定在TT电机轴上。

第4步，取出轴孔为圆孔的齿轮，轴套，一根直径为4mm的圆木棒和舱体的前、后面板。

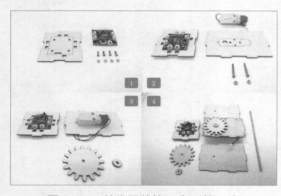

图6-57　结构组装第1步～第4步

第5步，将圆木棒依次穿过前面板、齿轮、轴套和后面板。

第6步，将带有接收器和TT电机的面板与第5步完成的结构连接在一起。

第7步，取出两个转盘轴套安装在圆木棒上，将舱体的其余面板安装在船舱结构上。将电池线从舱体内部穿过面板上预留的孔位。

第8步，将TT电机和电源的接线分别与接收器的"左电机"和电源接口相连接，

完成船舱的搭建。

图6-58　结构组装第5步～第8步

第9步，取出明轮结构的组成零件。

第10步，分别将4片桨叶卡在2个圆盘的卯眼上，用同样的方法完成另外一个转盘的搭建。

第11步，将组装好的转盘和转盘轴套在舱体伸出的圆木棒上，安装时将转盘放在两个转盘轴套中间，调整转盘轴套的位置，让转盘的位置更加合理。

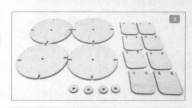
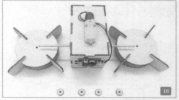

图6-59　结构组装第9步～第11步

第12步，取出船板和KT板。

第13步，将船板放置在KT板上，用勾线笔勾勒出船板轮廓和两侧开口位置，用小刀将多余的部分割掉，并取出船板卡扣。

第14步，用卡扣将船板和KT板结合在一起。

第15步，将之前完成的舱体部分通过船板上的卯眼与船板部分结合在一起。

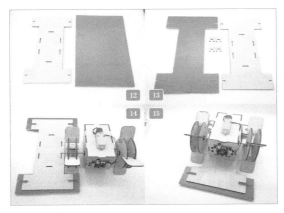

图6-60　结构组装第12步～第15步

6.6　总结

如图6-61所示，本次水上游船的制作中，垂直传动齿轮组结构是我们需要重点掌握的知识，它可以实现不同平面的动力传递。我们在设计过程中多次使用了并集、对齐、辅助线等功能，这些建模技巧可以有效帮助大家设计出更多的创意作品。

水上游船是游乐场唯一的水上项目。M星球的玩家们争先恐后地准备体验一番。其实游乐场还有很多其他好玩的项目，让我们跟随设计师们的脚步继续向前探索吧！

6.7　思考拓展

在本项目制作中，设计师们在明轮船的两侧各安装了一个明轮，通过一个电机驱动。是否可以用另外的一种方式，即只设置一个明轮，将其放置在船的尾部呢？感兴趣的读者可以尝试一下。

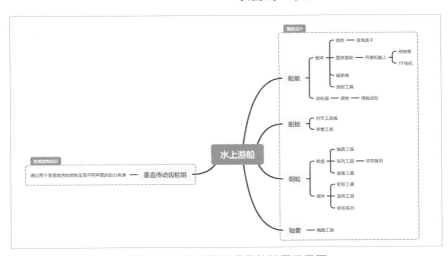

图6-61　水上游船项目总结思维导图

07 游乐场广告牌

（图片来源：广州尚雕坊工艺品有限公司）

7.1　项目起源

现在，M 星球的游乐场负责人希望他们的游乐场有一个与众不同的广告牌来吸引游客。设计师们正在头脑风暴、集思广益，接下来就让我们和设计师们一起制作一个游乐场的广告牌吧。

7.2　确定设计方案

7.2.1　观察分析

常见的公交站、地铁站、商场、超市的广告牌是什么样的呢？通常我们见到的广告

牌（见图 7-1）是静态的，本次我们制作一个能左右移动的广告牌，将会非常吸引人。要实现广告牌的移动，就需要加入电机，而激光造物工厂正好有 OSROBOT 开源机器人遥控套件供我们使用。

图 7-1　生活中的广告牌

电机的运动轨迹是圆周，所以只有电机还不能实现广告牌左右移动，我们还需要设计一个结构将电机的圆周运动变为左右往复运动，如图 7-2 所示，这也是我们本项目的重点。

我们可以将游乐场广告牌拆分成图 7-3所示的几个部分。

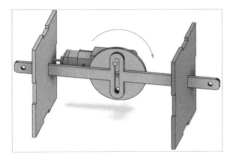

图 7-2 往复机构

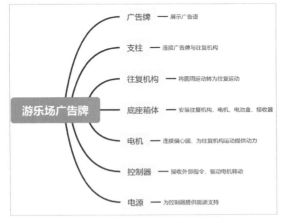

图 7-3 游乐场广告牌的组成

7.2.2 器材清单

本次作品需要用到的器材见表 7-1，电子器材如图 7-4 所示。

表 7-1 制作游乐场广告牌所需的器材

序号	名称	数量
1	2.4GHz 遥控器（带电池）	1 个
2	2.4GHz 接收器	1 个
3	TT 电机（120：1）	1 个
4	18650 电池（带线）	1 节
5	椴木板（400mm×600mm×3mm）	1 张
6	螺栓、短螺栓、螺母和密封圈	若干
7	M2 自攻螺钉	若干

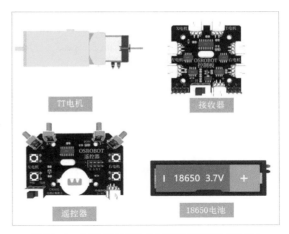

图 7-4 制作游乐场广告牌所需的电子器材

7.3 作品结构设计

器材选定好后，现在我们开始设计游乐场广告牌的外观结构。

7.3.1 建立零件表

根据对游乐场广告牌的分析，我们可以确定作品需要设计的结构零件共有 4 种，见表 7-2。作品的三维效果如图 7-5 所示。

表 7-2 游乐场广告牌的结构零件

序号	名称	数量	功能
1	广告牌	1 个	展示广告语
2	支柱	2 个	连接广告牌与往复机构
3	往复机构	1 个	将电机的圆周运动转为往复运动
4	底座箱体	1 个	安装往复机构、电机、电池和接收器

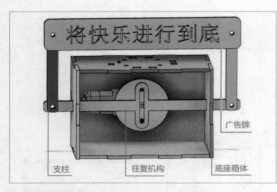

图 7-5　游乐场广告牌三维效果

7.3.2　激光建模

确定结构零件表后，现在就可以开始激光建模了。

◆　绘制广告牌

我们见到的多数广告牌是矩形的，这次我们使用 LaserMaker 软件的"矩形"工具来设计广告牌。

（1）在绘图箱中选择"矩形"工具，绘制一个宽 180mm、高 30mm 的矩形。为了美观，可以将矩形的直角修改为圆角，选择"圆角"工具，设置圆角半径为 5mm，分别单击矩形的 4 个角，效果如图 7-6 所示。

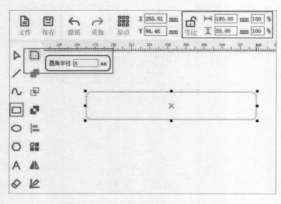

图 7-6　绘制圆角矩形广告牌

（2）广告牌初具轮廓后，还需要为它设计两个 4mm 直径的圆孔，方便与支柱连接。在绘图箱中选择"椭圆"工具，绘制一个直径为 4mm 的圆，然后选中此圆，在绘图箱中选择"阵列"工具，在弹出的窗口中选择"矩形阵列"，设置"水平个数"为 2，"水平间距"为 160mm，"隔行偏移"为 0mm，"垂直个数"为 1，单击"确认"按钮后即可得到第二个圆，如图 7-7 所示。

图 7-7　绘制圆孔

（3）然后使用组合键 Ctrl+G 或者鼠标右键菜单的"群组"功能将两个圆组成群组，如图 7-8 所示。

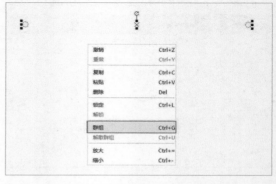

图 7-8　将两个圆孔组成群组

（4）广告牌最关键的内容就是广告语，在绘图箱中选择"文本"工具，在绘图区双击鼠标左键，在弹出的文本框中输入要展示的广告语内容，比如"将快乐进行到底"，字体设置为"宋体"，字号设置为"五号"，并单击"确认"按钮，如图 7-9 所示。

图 7-9　输入广告语

（5）接下来同时选中已绘制完成的矩形、圆及文字，单击绘图箱中的"对齐工具箱"，选择垂直居中对齐、水平居中对齐，如图 7-10 所示。

图 7-10　居中对齐文字和矩形

（6）因为在 LaserMaker 软件中默认黑色代表切割加工工艺，红色代表描线加工工艺，广告语只需要在材料表面呈现出来即可，所以这里还需要选中文本，单击图层色板的红色方块，将文字设置为描线加工工艺，如图 7-11 所示。

图 7-11　设置红色图层

◆　绘制支柱

（1）要让广告牌竖立起来，就需要为它增加两个矩形支柱。为了美观，同样需要对两个矩形进行圆角设置。用"矩形"工具绘制一个宽 100mm、高 10mm 的矩形，然后再选择"圆角"工具，设置圆角半径为 3mm，分别单击矩形的 4 个直角，逐一设置为圆角，如图 7-12 所示。

图 7-12　绘制矩形支柱

（2）为支柱绘制两个直径为 4mm 的圆孔，便于连接广告牌和往复机构的滑杆。用"椭圆"工具绘制一个直径为 4mm 的圆，然后选择"阵列"工具中的"矩形阵列"，设置"水平个数"为 2，"水平间距"为 84mm，"隔行偏移"为 0mm，"垂直个数"为 1，单击"确认"按钮得到第二个相同的圆，如图 7-13 所示。随后将两个圆组成群组。

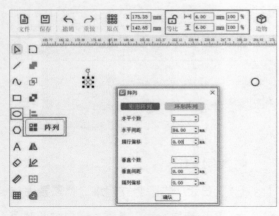

图 7-13　绘制支柱圆孔

（3）使用"选择"工具同时选中矩形和圆，然后单击"对齐工具箱"，选择垂直居中对齐、水平居中对齐，即可将圆孔居中，如图 7-14 所示。

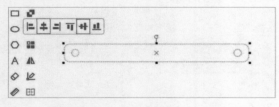

图 7-14　居中对齐圆孔和矩形

（4）选择"阵列"工具中的"矩形阵列"，设置"水平个数"为 1，"垂直个数"为 2，"垂直间距"为 10mm，"隔列偏移"为 0mm，单击"确认"按钮后即可得到第二个支柱，如图 7- 15 所示。

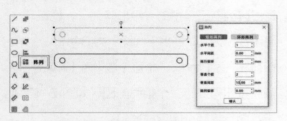

图 7-15　使用矩形阵列复制支柱

◆　绘制往复机构

支柱设计完成，接下来设计本次作品的重点，也就是往复机构——止转轭，它分为圆盘、止转槽和滑杆 3 个部分，如图 7-16 所示。

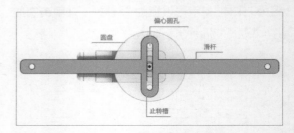

图 7-16　止转轭机构透视图

（1）首先绘制止转槽。在止转轭运动的过程中，止转槽会随着圆盘的转动而做往复运动，槽的长度是圆心到偏心圆孔最大直线距离的 2 倍，槽的宽度取决于偏心圆孔的直径。用"椭圆"工具绘制一个直径为 4mm的圆，然后选择"阵列"工具中的"矩形阵列"，设置"水平个数"为 2，"水平间距"为 26mm，"隔行偏移"为 0mm，"垂直个数"为 1，如图 7-17 所示。

图 7-17　绘制止转轭两边的圆

（2）两个圆的圆心距离为 30mm，直径为 4mm，我们用"矩形"工具绘制一个宽30mm、高 4mm 的矩形。然后选中两个圆，将它们移动到矩形上，参照辅助线对齐矩形与两个圆，如图 7-18 所示。

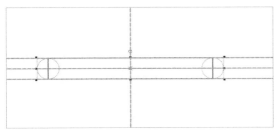

图 7-18 对齐圆和矩形

（3）同时选中矩形和两个圆，然后单击绘图箱中的"并集"工具合并图形，如图 7-19 所示。

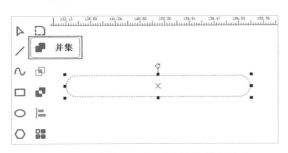

图 7-19 合并图形得到止转槽的内轮廓

（4）用同样的方法绘制止转槽的外轮廓。用"椭圆"工具绘制一个直径为 12mm 的圆，然后选中圆，选择"阵列"工具中的"矩形阵列"，设置"水平个数"为 2，"水平间距"为 20mm，"隔行偏移"为 0mm，"垂直个数"为 1，如图 7-20 所示。

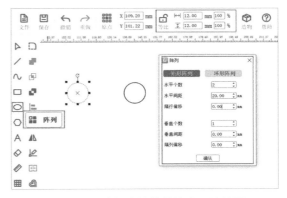

图 7-20 绘制止转槽外轮廓两边的圆

（5）用"矩形"工具绘制一个宽32mm、高 12mm 的矩形。同样将矩形与两个圆对齐后，用"并集"工具合并图形，如图7-21 所示。

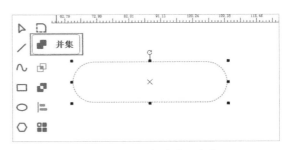

图 7-21 合并外轮廓的圆与矩形

（6）使用"选择"工具同时选中内轮廓和外轮廓，然后使用"对齐工具箱"中的水平居中对齐、垂直居中对齐，如图 7-22 所示。

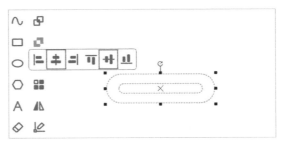

图 7-22 对齐止转槽的外轮廓和内轮廓

（7）接下来绘制滑杆。滑杆与止转槽组合成一个整体，两端分别有一个直径为 4mm 的圆孔，用来固定广告牌支柱。如图 7-23 所示，两个圆孔最小间距≥偏心圆与圆心最大间距＋箱体板厚度 ×2，经过测算，设置两个圆孔的间距为 160mm。

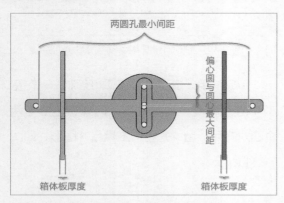

图 7-23　滑杆尺寸示意

（8）用"椭圆"工具绘制一个直径为 4mm 的圆，然后选中圆，选择"阵列"工具中的"矩形阵列"，设置"水平个数"为 2，"水平间距"为 160mm，"隔行偏移"为 0mm，"垂直个数"为 1，如图 7-24 所示。

图 7-24　绘制滑杆圆孔

（9）用"矩形"工具绘制一个宽 180mm、高 10mm 的矩形，然后用"圆角"工具将 4 个直角逐一设置为圆角，圆角半径为 3mm，如图 7-25 所示。

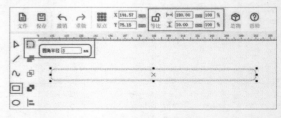

图 7-25　绘制滑杆主体

（10）使用"选择"工具同时选中两个圆，把它们移动到矩形上，参照辅助线对齐矩形与两个圆，如图 7-26 所示。

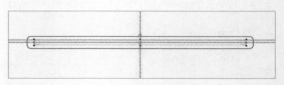

图 7-26　对齐圆孔与滑杆主体

（11）我们还需要将止转槽和滑杆组合为一个整体。先把止转槽旋转 90°，调整为竖向，然后把它拖曳到滑杆上，参照辅助线使止转槽与滑杆垂直居中、水平居中对齐，如图 7-27 所示。

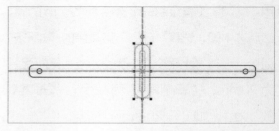

图 7-27　居中对齐止转槽与滑杆

（12）使用"选择"工具同时选中滑杆和止转槽的外轮廓（注意只选择外轮廓），然后单击"并集"工具将图形合并，如图 7-28 所示。

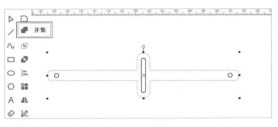

图 7-28　将止转槽外轮廓和滑杆合并

（13）再来绘制往复运动机构的圆盘。我们在圆盘中设计两个偏心圆孔，将其中一个偏心圆孔与止转槽通过螺栓连接在一起，这样就可以将偏心圆孔的圆周运动转换成滑杆的往复运动。使用"椭圆"工具绘制一个直径为 4mm 的圆作为偏心圆孔，然后选择"阵列"工具中的"矩形阵列"复制第二个偏心圆孔，设置"水平个数"为 2，"水平间距"为 26mm，"隔行偏移"为 0mm，"垂直个数"为 1，如图 7-29 所示。

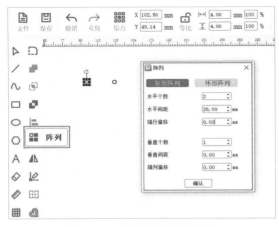

图 7-29　绘制两个偏心圆孔

（14）使用"椭圆"工具绘制一个直径为 50mm 的圆作为圆盘。圆盘是靠 TT 电机带动的，所以需要在圆盘的中心位置添加 TT 电机轴孔。从面板的"开源机器人硬件"中拖出"TT 孔位"图形到绘图区。然后分别将"TT 孔位"图形和偏心圆孔拖曳到圆盘上，参照辅助线使它们垂直居中、水平居中对齐，如图 7-30 所示。

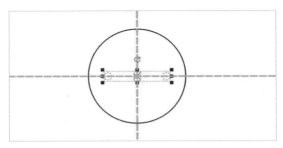

图 7-30　居中对齐圆盘、偏心圆孔和 TT 电机轴孔

（15）为了保证 TT 电机轴不会突出来，从而使圆盘转动顺畅，需要在 TT 电机轴上安装垫片。TT 电机轴的长度约为 8.5mm，而椴木板的厚度为 3mm，所以需要为 TT 电机轴安装两个垫片。使用"椭圆"工具绘制一个直径为 15mm 的圆，然后从图库面板的"开源机器人硬件"中拖出"TT 孔位"图形，放到圆心处，如图 7-31 所示。

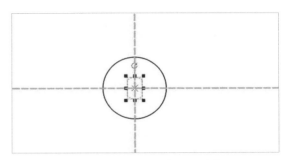

图 7-31　对齐垫片与"TT 孔位"图形

（16）选中垫片，然后选择"阵列"工具中的"矩形阵列"，设置"水平个数"为2，"水平间距"为5mm，"隔行偏移"为0mm，"垂直个数"为1，如图7-32所示。

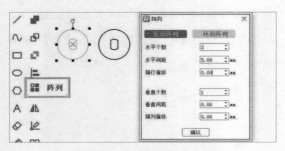

图7-32　使用矩形阵列复制垫片

◆ 绘制底座箱体

在本次作品中，我们使用"造物"功能来设计游乐场广告牌的底座箱体。

（1）单击工具栏中的"造物"工具，选择"直角盒子"，设置盒子的"长度"为125mm，"宽度"为85mm，"高度"为85mm，并选择"外部尺寸"，"凹槽大小"为21.2mm，"厚度"为3mm，为了让盒子拼装时更牢固，设置"激光补偿"为0.2mm，最后单击"确认"按钮即可生成一组盒子面板，如图7-33所示。

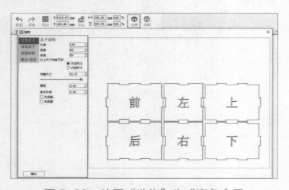

图7-33　使用"造物"生成直角盒子

（2）在前面板中添加TT电机的轴孔，可以绘制一个和电机轴孔相同大小的圆来辅助定位。使用"选择"工具将前面板拖到绘图区空白处，再使用"椭圆"工具绘制一个直径为10mm的圆，如图7-34所示。

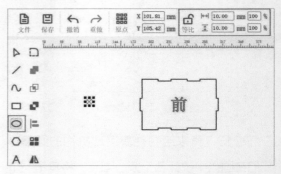

图7-34　拖出前面板并绘制圆

（3）使用"选择"工具选中前面板和圆，单击"对齐工具箱"中的垂直居中对齐和水平居中对齐，将圆放置在前面板的中间位置，并删除标注的"前"字，如图7-35所示。

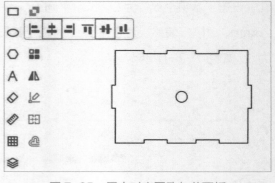

图7-35　居中对齐圆孔与前面板

（4）在前面板中添加TT电机图形，从图库面板的"开源机器人硬件"中拖出"TT电机"图形放到前面板上，使圆形轴孔与箱体前面板上的圆重合，如图7-36所示。

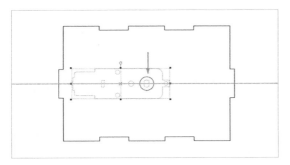

图 7-36　将"TT 电机图形"拖到前面板中

（5）在上面板中添加接收器孔位。使用"选择"工具拖出上面板并删除标注的"上"字，从图库面板的"开源机器人硬件"中拖出"2.0控制板（外置）"图形，如图 7-37 所示，并将图形组成群组。

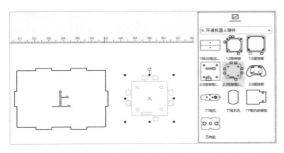

图 7-37　拖出"2.0 控制板（外置）"图形

（6）使用"选择"工具选中"2.0 控制板（外置）"图形，使其与上面板垂直居中、水平居中对齐，如图 7-38 所示。

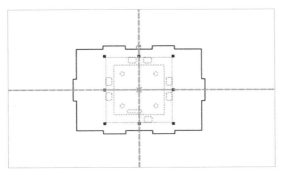

图 7-38　居中对齐上面板和接收器图形

（7）在箱体的两侧添加往复机构滑杆的孔位，如图 7-39 所示。滑杆是一个扁平的木板，它的高度是 10mm，所以箱体的孔位高度略大于滑杆高度即可，宽度设置为板材的厚度 3mm。

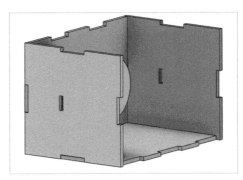

图 7-39　箱体滑孔效果

（8）拖出左面板到绘图区空白处，再使用"矩形"工具绘制一个宽 3mm、高 11mm的矩形。选中箱体左面板和矩形，选择"对齐工具箱"中的右对齐和水平居中对齐，并删除"左"字，如图 7-40 所示。

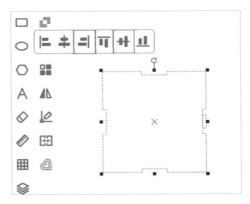

图 7-40　使滑孔与左面板右对齐、水平居中对齐

（9）使用"选择"工具选中滑孔，并在工具栏"X"坐标对应的框中输入"-31"，使滑孔向左移动 31mm，如图 7-41 所示。

图 7-41　将滑孔左移 31mm

（10）由于左、右面板是相同的，我们只需要再复制一个左面板即可。选中绘制好的左面板，选择"阵列"工具中的"矩形阵列"，设置"水平个数"为 2，"水平间距"为 5mm，"隔行偏移"为 0mm，"垂直个数"为 1，如图 7-42 所示。

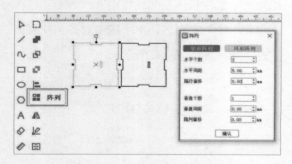

图 7-42　复制得到两块侧板

◆ 排版

到这里，游乐场广告牌的设计图就全部完成了，我们对图纸进行排版，如图 7-43 所示。

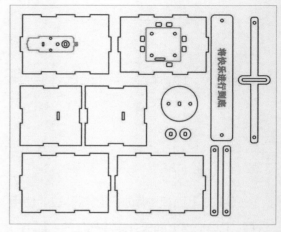

图 7-43　游乐场广告牌设计图纸

7.4　激光加工

图纸设计完成，我们设置好加工工艺即可进行切割。切割后的结构零件实物如图 7-44 所示。

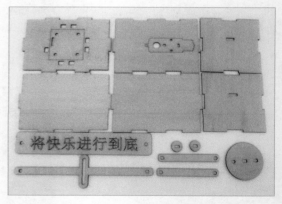

图 7-44　激光切割后的结构零件实物

7.5　模型组装

7.5.1　电路连接

我们按照图 7-45 所示连接电路，让游乐场广告牌可以摇动起来。

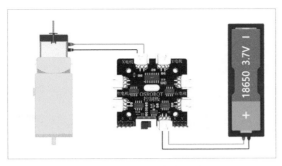

图 7-45 电路连接示意

7.5.2 结构组装

按照如下步骤（见图 7-46~ 图 7-49）组装零件。

第 1 步，取出 TT 电机、固定电机的面板和螺栓、螺母。

第 2 步，使用螺栓、螺母将 TT 电机安装在面板上。

第 3 步，取出两个垫片。

第 4 步，将两个垫片安装在 TT 电机轴上。

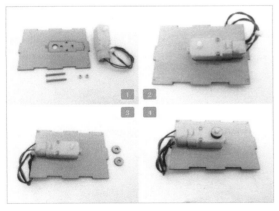

图 7-46 结构组装第 1 步 ~ 第 4 步

第 5 步，取出螺栓、密封圈、滑杆和圆盘（在圆周运动的过程中，螺母会自动拧紧，锁死止转槽，所以使用密封圈代替）。

第 6 步，将止转槽与圆盘的一个偏心圆孔连接，这样就构成了往复机构。

第 7 步，取出一个 M2 自攻螺钉和前面安装好的结构。

第 8 步，使用 M2 自攻螺钉将圆盘固定在 TT 电机上。

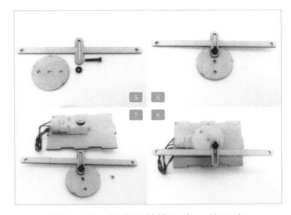

图 7-47 结构组装第 5 步 ~ 第 8 步

第 9 步，取出短螺栓、螺母、接收器和接收器固定面板。

第 10 步，使用短螺栓、螺母将接收器固定在面板上。

第 11 步，取出底座箱体的另外 5 块面板。

第 12 步，先将滑杆插入两侧面板的矩形孔中，然后将 5 块面板拼装在一起，并完成电路的连接。

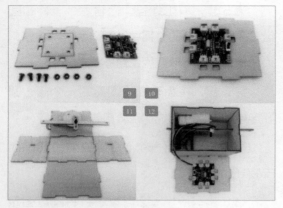
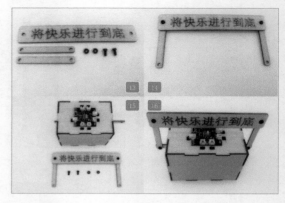

图 7-48 结构组装第 9 步～第 12 步

图 7-49 结构组装第 13 步～第 16 步

第 13 步，取出短螺栓、螺母、广告牌和支柱。

第 14 步，使用短螺栓、螺母将支柱与广告牌安装在一起。

第 15 步，安装箱体上面板并取出广告牌和短螺栓、螺母。

第 16 步，使用短螺栓、螺母将广告牌与箱体、滑杆安装在一起。

7.6 总结

如图 7-50 所示，本次作品结合前面的

LaserMaker 软件基础绘图技巧，更侧重于测量、X 坐标运算、角度旋转、并集等工具的使用。最重要的是，应用这些工具绘制出能够实现往复运动的止转轭。

游乐场纪念章派发机也用到了往复机构，我们一起去看看吧。

7.7 思考拓展

生活中还有哪些地方用到了止转轭这种结构？我们还可以将这种结构用在哪些作品中呢？一起开动脑筋想一想吧。

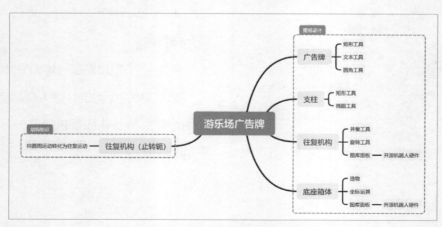

图 7-50 游乐场广告牌项目总结思维导图

08 纪念章派发机

8.1 项目起源

　　M 星球游乐场负责人希望在他们游乐场的最后一站，给前来游玩的游客每人派发一枚纪念章。人工派发有些麻烦，设计师们正在思考设计一款自动派发纪念章的机器，下面大家就随着设计师们一起设计和制作一款纪念章派发机吧。

8.2 确定设计方案

8.2.1 分析作品

　　在设计纪念章派发机时，我们首先设计要派发的道具——纪念章。然后，我们要思考如何实现它的核心功能——自动派发纪念章，由于我们采用 TT 电机来提供动力，需要将电机圆周运动转换为直线往复运动，除了游乐场广告牌项目中用到的止转轭，曲柄滑块机构也可以实现相似的功能。在本项目中，我们利用曲柄滑块机构实现将纪念章推出的功能。最后，再设计一个带有出口的纪念章放置盒，用来存放纪念章，将三者固定到一个底座上，这样，纪念章派发机的基本组成部件就规划出来了，如图 8-1 所示。

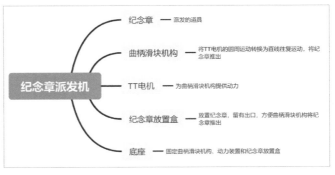

图 8-1　纪念章派发机的基本组成

曲柄滑块机构是指用曲柄和滑块来实现转动和移动相互转换的平面连杆机构，如图 8-2 所示。生活中的往复活塞式发动机，工业生产中的压缩机、冲床等都用到了曲柄滑块机构。

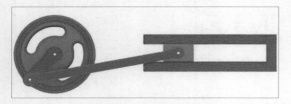

图 8-2　曲柄滑块机构

8.2.2　器材清单

确定了纪念章派发机的基本组成后，我们选择相应的材料。纪念章派发机的纪念章、曲柄滑块机构、纪念章放置盒以及底座都可以采用椴木板进行加工；采用 TT 电机作为动力装置，为了降低转速，可以选用高减速比的 TT 电机（减速比是 220∶1），并使用单节 18650 电池为装置供电；控制它则需要使用遥控器和接收器。由此，器材清单也可以确定下来，见表 8-1，电子器材如图 8-3 所示。

表 8-1　制作纪念章派发机所需的器材

序号	名称	数量
1	2.4GHz 遥控器（带电池）	1 个
2	2.4GHz 接收器	1 个
3	TT 电机（220:1）	1 个
4	18650 电池（带线）	1 节
5	椴木板（400mm×600mm×3mm）	1 张
6	螺栓、螺母、单通铜柱	若干
7	R3080 尼龙铆钉	2 个
8	扎带	2 根

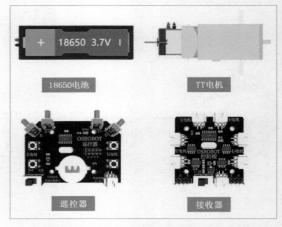

图 8-3　制作纪念章派发机所需的电子器材

8.3　作品结构设计

纪念章派发机能否正常运转，结构设计是关键。接下来，就是本项目最关键的一环——设计纪念章派发机的结构。

8.3.1　建立零件表

通过对纪念章派发机的结构分析，结合器材清单，我们确定作品的结构零件见表 8-2，结构零件的位置如图 8-4 所示。

表 8-2　纪念章派发机的结构零件

序号	名称	数量	功能
1	纪念章	10 枚	派发的道具
2	曲柄滑块机构	1 个	推出纪念章
3	TT 电机	1 个	为曲柄滑块机构提供动力
4	纪念章放置盒	1 个	放置纪念章
5	底座	1 个	固定其他零件

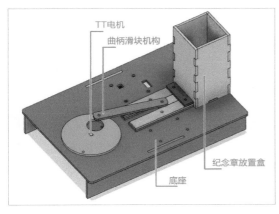

图 8-4　纪念章派发机结构零件位置

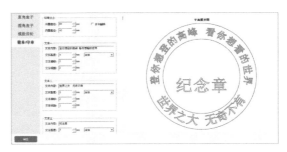

图 8-5　设计纪念章主体

8.3.2　激光建模

◆ 绘制纪念章

（1）设计纪念章主体。打开 LaserMaker 软件，用鼠标单击工具栏中的"造物"，单击"徽章 / 印章"，开始修改参数。设置印章的"外圈直径"为 60mm，"内圈直径"为 42mm；文本一的"文本内容"为"登你想登的高峰　看你想看的世界"，"文字高度"为 4mm，"文本偏移"为 2mm，"文字间隙"为 2mm，使用默认字体；文本二的"文本内容"为"世界之大　无奇不有"，"文字高度"为 5mm，"文本偏移"为 2mm，"文字间隙"为 1mm，使用默认字体；文本三的"文本内容"为"纪念章"，"文字高度"为 7mm，"文本偏移"为 6mm，使用默认字体。单击"确定"按钮，就可以得到纪念章的雏形，如图 8-5 所示。

（2）调整纪念章并添加文字。直径为 60mm 的纪念章相对较大，我们可以缩小其尺寸。单击绘图箱中的"选择"工具选中纪念章图形，在等比状态下，设置纪念章的直径为 40mm。

单击绘图箱中的"文本"工具，在"纪念章"3 个字的上方双击鼠标左键，出现"绘制文本"窗口后，使用默认字体，设置字号为小五号，输入"OSROBOT"，单击"确认"按钮，再用"选择"工具，选中并移动"OSROBOT"字样，使其与纪念章整体水平居中对齐，并与"纪念章"3 个字保持合适的间距。

纪念章的外圈在加工时需要被切透，这样才能得到一个圆形的徽章，我们可以将它的图层修改为黑色，也就是切割加工工艺；外圈内图形的图层设置为红色，即描线加工工艺，这样加工时就会只留下划痕而不会被切透。如此，一个圆形的纪念章就设计好了，如图 8-6 所示。

图 8-6　调整纪念章并添加文字

注意

在这一步中，既然要求纪念章的直径为 40mm，为什么不在修改"徽章/印章"的参数时直接设置，而是先设置直径为 60mm，再等比缩小？这是因为"徽章/印章"工具默认的直径为 60mm，直接采用这个尺寸，再等比缩小，可以不用更改文本一、文本二、文本三的参数，从而简化设计步骤。

（3）通过矩形阵列复制纪念章图形。选中纪念章图形，选中"阵列"工具中的"矩形阵列"，设置"水平个数"为 5，"水平间距"为 1mm，"隔行偏移"为 0mm，"垂直个数"为 2，"垂直间距"为 1mm，"隔列偏移"为 0mm，单击"确认"按钮，即可得到10 枚纪念章的图形，如图 8-7 所示。

◆ **绘制曲柄滑块机构**

曲柄滑块机构是纪念章派发机的核心结构，它负责将 TT 电机的圆周运动转换为滑块的直线往复运动。在这里，我们可以设计一个由圆盘和连杆（相当于曲柄）、滑块及凹槽（用于限制滑块的运动轨迹）组成的曲柄滑块机构，如图 8-8 所示。

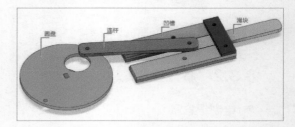

图 8-8　曲柄滑块机构三维效果

（1）调整"TT 电机"图形。TT 电机带动曲柄滑块机构的圆盘转动，因此，在图纸的绘制过程中，可以根据 TT 电机轴的位置，确定圆盘的位置。从 LaserMaker 软件图库面板的"开源机器人硬件"中选择"TT 电机"图形，并将其拖曳到绘图区。

从图 8-9 所示可以看出，TT 电机轴在圆盘左侧时，明显更节省空间。因此，我们需要调整"TT 电机"图形的位置。

图 8-7　使用矩形阵列复制纪念章图形

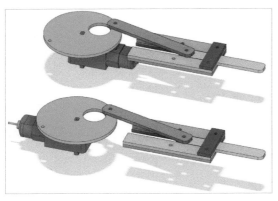

图 8-9　TT 电机轴在圆盘左侧与右侧的对比

选中"TT 电机"图形，单击绘图箱中的"水平翻转"工具，将其左右翻转，如图 8-10 所示。在工具栏中查看 TT 电机的大小，并将图形组成群组，保证 TT 电机中的图形位置不会偏移。

图 8-10　水平翻转"TT 电机"图形

（2）绘制圆盘。为了让曲柄滑块机构的运行更加顺畅，我们使用圆盘的设计。要绘制圆盘，首先要确定圆盘的直径。如图 8-11 所示，我们知道 TT 电机轴带动圆盘转动，圆盘带动连杆和滑块移动，因此，圆盘与连杆连接处进行圆周运动的直径（图 8-11 中的距离 x）就决定了滑块往复运动的距离（行程，图 8-11 中的距离 y），即推动纪念章运动的距离，它必须大于纪念章的直径 40mm。为了给后续的设计留有余地，我们将圆盘的直径设置为70mm。

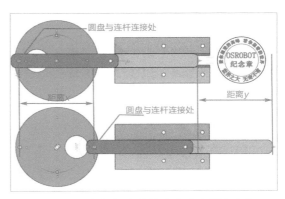

图 8-11　根据纪念章的大小确定圆盘直径

使用"椭圆"工具绘制一个直径为70mm 的圆，作为圆盘的轮廓。接下来，需要确定圆盘与 TT 电机装配的位置，由于"TT 电机"图形中自带一个与轴中心对齐的圆，我们再绘制一个直径为 10mm 的圆用来辅助定位。选中直径为 70mm 和直径为 10mm 的两个圆，接着使用"对齐工具箱"中的水平居中对齐和垂直居中对齐将两个圆对齐，形成一组同心圆。然后将两个圆组成群组并进行移动，使同心圆中直径为 10mm 的圆与 TT 电机中直径为 10mm 的圆重合，如图 8-12 所示，这样，圆盘与 TT 电机的装配位置就确定了。

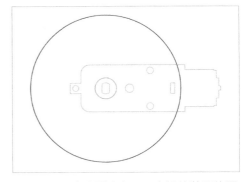

图 8-12　确定圆盘与 TT 电机的装配位置

（3）绘制圆盘与连杆的连接孔。圆盘与连杆通过 R3080 尼龙铆钉连接，因此，我们需要在圆盘的边缘打孔，设计孔的直径为 3mm。在上一步的分析中，我们知道这个孔随着圆盘进行圆周运动的直径应大于 40mm。因此，我们可以在圆盘上绘制一左一右两个孔，方便我们确定连杆运动到最左侧和最右侧时的位置，如图 8-13 所示。

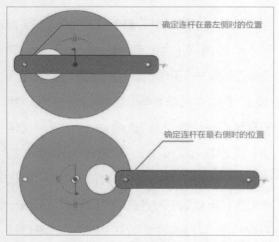

图 8-13　确定连杆运动到最左侧（上）和最右侧（下）时的位置

我们在圆盘边缘预留 2mm 的余量，计算得到两个圆孔的孔间距（内孔壁之间的距离）为 70-（2+3）×2=60mm，如图 8-14 所示。

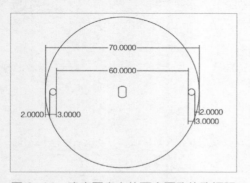

图 8-14　确定圆盘上的两个圆孔的孔间距

注意

孔间距与孔距有什么区别？孔间距是指两个孔之间实体的距离，即孔壁与孔壁之间的距离（不包括孔的直径）；孔距指的是两个孔之间的中心距。

使用"椭圆"工具绘制一个直径为 3mm 的圆。选择"阵列"工具中的"矩形阵列"，设置"水平个数"为 2，"水平间距"为 60mm，"隔行偏移"为 0mm，"垂直个数"为 1，"垂直间距"为 1mm，"隔列偏移"为 0mm，单击"确认"按钮，得到两个圆。将两个圆组成群组，然后选择"对齐工具箱"中的垂直居中对齐和水平居中对齐，如图 8-15 所示，这样圆盘就设计完成了。

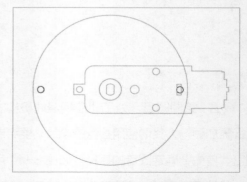

图 8-15　绘制圆盘与连杆的连接孔

（4）绘制连杆。从图 8-16 中可以看出，连杆连接着圆盘和滑块（黄色为滑块，红色为连杆）。为了保证曲柄滑块机构运行时，滑块不会碰到圆盘，连杆上的两个孔之间的距离应大于圆盘的直径，这里我们将其设为 74mm。

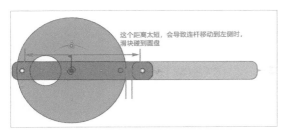

图 8-16　确定连杆上的两个孔的间距

使用"椭圆"工具绘制一个直径为 3mm 的圆，选择"阵列"工具中的"矩形阵列"，设置"水平个数"为 2，"水平间距"为 74mm，"隔行偏移"为 0mm，"垂直个数"为 1，"垂直间距"为 1mm，"隔列偏移"为 0mm，单击"确认"按钮，得到两个圆，将两个圆组成群组。

使用"矩形"工具绘制一个宽 90mm、高 12mm 的矩形，用"圆角"工具对 4 个角进行圆角处理，圆角半径设置为 4mm，得到一个圆角矩形。

单击"选择"工具选中圆角矩形与组成群组的两个圆，选择"对齐工具箱"中的垂直居中对齐和水平居中对齐，然后将它们组成群组，这样连杆就设计完成了，如图 8-17 所示。

图 8-17　连杆

（5）确定连杆的行程。在确定滑块的位置之前，需要确定连杆的行程，也就是连杆运动到圆盘最左侧和最右侧时的位置。选中并移动连杆，使连杆左侧的孔分别与圆盘上的最左

侧和最右侧的孔对齐，这样就确定了连杆运动到最左侧和最右侧时的位置，如图 8-18 所示。

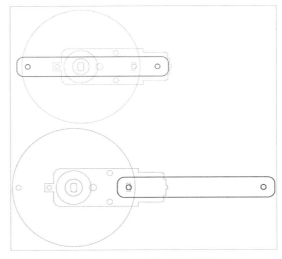

图 8-18　连杆运动到最左侧（上）和
最右侧（下）时的位置

（6）确定凹槽盖和纪念章放置盒的位置。在曲柄滑块机构中，凹槽可以限制滑块的运动，为了避免滑块脱离凹槽，我们可以在凹槽上加一块挡板作凹槽盖，如图 8-19 所示。连杆运动到最右侧时，要与凹槽盖保持一定间距。

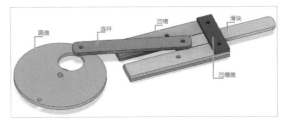

图 8-19　凹槽盖三维效果

使用"矩形"工具绘制一个宽 12mm、高 40mm 的矩形作为凹槽盖，将其移动图形到连杆运动到最右侧时滑块的右侧，距离滑块右端约 2mm 处，如图 8-20 所示。

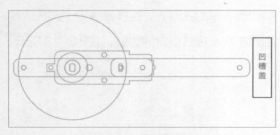

图 8-20　绘制凹槽盖

　　由于纪念章的直径为 40mm，我们设计纪念章放置盒的内部尺寸为长 42mm、宽 42mm，其外部尺寸（长、宽）为 42+3×2=48mm。使用"矩形"工具绘制一个边长为 48mm 的正方形作为纪念章放置盒的投影，将其移动到凹槽盖右侧，紧挨凹槽盖。然后按住 Ctrl 键，选中代表凹槽盖的矩形、代表纪念章放置盒投影的正方形及凹槽圆盘，选择"对齐工具箱"中的水平居中对齐，如图 8-21 所示。

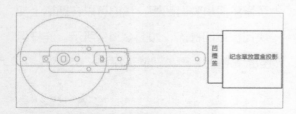

图 8-21　确定纪念章放置盒的位置

　　（7）绘制滑块。滑块通过直线往复运动推出纪念章，而且不会脱离凹槽，这就需要当滑块运动到最左侧时，滑块右端依然在凹槽盖下；当滑块运动到最右侧时，滑块右端伸到纪念章放置盒外，这是确定滑块长度的依据，如图 8-22 所示。

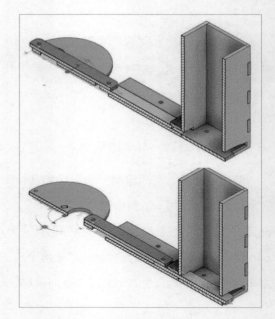

图 8-22　滑块运动到最左侧（上）和最右侧（下）时的位置演示

　　使用"矩形"工具绘制一个宽 80mm、高 12mm 的矩形，用"圆角"工具对 4 个角进行圆角处理，圆角半径设置为 4mm，得到一个圆角矩形。

　　然后用"椭圆"工具绘制一个直径为 3mm 的圆作为滑块与连杆连接件的安装孔，选中圆角矩形和圆，选择"对齐工具箱"中的垂直居中对齐和左对齐。选中圆，将它的 X 坐标值加 5（让它向右移动 5mm），将圆角矩形和圆组成群组，得到的滑块如图 8-23 所示。

图 8-23　滑块

选中并移动滑块，使它的孔与滑块运动到最左侧时连杆右侧的孔重合，如图 8-24 所示，这时滑块的最右侧与凹槽盖的位置相交，说明滑块运动到最左侧时，不会脱离凹槽。

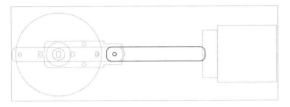

图 8-24　滑块运动到最左侧时的位置

再次选中并移动滑块，使它的孔与滑块运动到最右侧时连杆右侧的孔重合，如图 8-25 所示，这时滑块右端已经伸出到纪念章放置盒外，说明滑块运动到最右侧时，可以将纪念章推出。因此，滑块的设计是合理的。

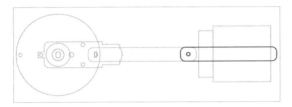

图 8-25　滑块运动到最右侧时的位置

（8）绘制圆盘的垫片。TT 电机靠螺栓固定，突出的螺栓头会阻碍圆盘的旋转，因此，我们可以在圆盘下加一个垫片来解决这个问题，如图 8-26 所示，同时也能解决 R3080 尼龙铆钉会划到底座的问题。

图 8-26　垫片的位置

使用"椭圆"工具绘制一个直径为 20mm 的圆，用"对齐工具箱"中的垂直居中对齐和水平居中对齐，将圆与圆盘对齐。这时，直径为 20mm 的圆也就与 TT 电机孔位实现了水平、垂直居中对齐，我们可以复制这个圆和 TT 电机孔位作为垫片，即图 8-27 所示的黑色部分。

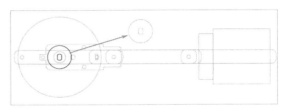

图 8-27　垫片

（9）绘制凹槽。如图 8-28 所示，凹槽加凹槽盖共有 3 层。

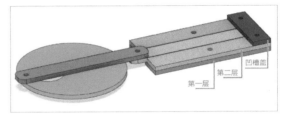

图 8-28　凹槽和凹槽盖的三维效果

使用"矩形"工具绘制一个宽 80mm、高 40mm 的矩形，图层设置为红色，移动矩形使其与凹槽盖右对齐和水平居中对齐。这样就有了凹槽的参考位置，如图 8-29 所示。

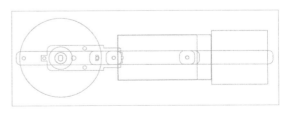

图 8-29　确定凹槽的位置

圆盘、连杆和滑块之间采用尼龙铆钉连接，尼龙铆钉的帽是有一定厚度的，因此，凹槽的第一层需要中空，给连接滑块和连杆的尼龙铆钉预留做直线运动的空间，如图 8-30 所示。

图 8-30　凹槽第一层三维效果

选中凹槽盖矩形，拖曳到绘图区空白处，方便接下来的绘制。使用"矩形"工具绘制一个宽 80mm、高 16mm 的矩形，复制得到一个相同的矩形。选中其中一个矩形与红色矩形，选择"对齐工具箱"中的水平居中对齐和上对齐；再将另一个矩形与红色矩形水平居中对齐和下对齐，图 8-31 所示的两个黑色矩形组成凹槽的第一层。

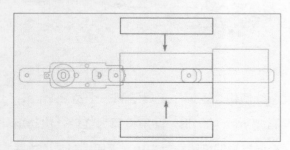

图 8-31　绘制凹槽的第一层

凹槽的第二层主要起限位的作用，限制滑块只能做直线往复运动，如图 8-32 所示。

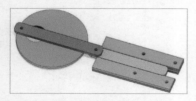

图 8-32　凹槽第二层三维效果

使用"矩形"工具绘制一个宽 80mm、高 14mm 的矩形，再复制一个相同的矩形。选中其中一个矩形与红色矩形，选择"对齐工具箱"中的水平居中对齐和上对齐；再将另一个矩形与红色矩形水平居中对齐和下对齐，图 8-33 所示的两个黑色矩形组成凹槽的第二层。

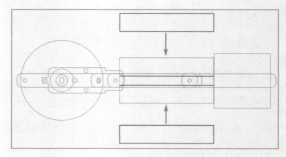

图 8-33　绘制凹槽的第二层

凹槽和凹槽盖通过螺栓、螺母固定在底座平面上，我们需要在凹槽、凹槽盖、底座平面预留固定孔。将凹槽盖矩形移动到原来的位置。使用"椭圆"工具绘制一个直径为 3mm 的圆，并复制 3 个相同的圆，分别移动到凹槽盖和凹槽的合适位置，作为固定孔，如图 8-34 所示。需要注意的是，固定孔应尽量靠右，否则，连杆在运动时会被螺栓卡住。

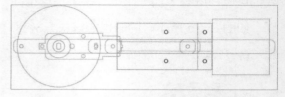

图 8-34　绘制凹槽固定孔

◆　绘制纪念章放置盒

（1）绘制直角盒子。在前面的步骤中，我们确定了纪念章放置盒的底部投影是边长为

48mm 的正方形。使用工具栏中的"造物"工具，选择"直角盒子"，设置盒子的"长度"为 48mm，"宽度"为 48mm，"高度"为 100mm，选择"外部尺寸"，"凹槽大小"为 12mm，"厚度"为 3mm，"激光补偿"为 0.1mm，为了方便放入纪念章，可以勾选"无顶盖"，单击"确认"按钮，如图 8-35 所示。

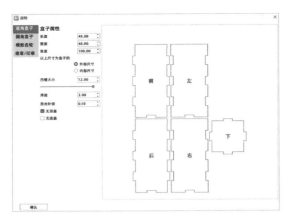

图 8-35　绘制直角盒子

（2）绘制滑块的入口和纪念章的出口。本项目派发纪念章的原理为：纪念章叠放在纪念章放置盒中，滑块通过纪念章放置盒的入口进入，推动纪念章从出口掉落，然后，滑块退回，下一个纪念章从盒中落下，再重复这个过程。为了保证滑块和纪念章能够顺利活动，入口尺寸应比滑块略大，出口尺寸应比纪念章略大。纪念章被推出过程中，受重力作用容易卡住，因此，在出口处留一段弧形，方便纪念章掉落。

先绘制滑块的入口，使用"矩形"工具绘制一个宽 13mm、高 3.2mm 的矩形，移动矩形，使其与盒子左面板的卯眼边缘重合，且水平居中对齐，如图 8-36 所示。

图 8-36　绘制纪念章放置盒上的滑块入口

再绘制纪念章的出口，使用"矩形"工具绘制一个宽 41mm、高 4.2mm 的矩形，使用"椭圆"工具绘制一个宽 30mm、高 5mm 的椭圆，选中矩形和椭圆，选择"对齐工具箱"中的垂直居中对齐和下对齐，再使用"并集"工具将矩形与椭圆合并。然后移动图形，使其与盒子右面板下方的卯眼边缘重合，且垂直居中对齐，如图 8-37 所示。

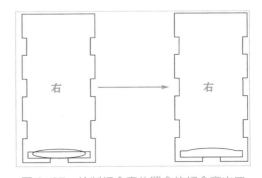

图 8-37　绘制纪念章放置盒的纪念章出口

（3）绘制纪念章放置盒固定孔。纪念章放置盒的下面板通过螺栓、螺母与底座固定在一起，我们在下面板中设计固定孔位。使用"椭圆"工具绘制一个直径为 3mm 的圆，选中圆，选择"阵列"工具中的"矩形阵列"，设置"水平个数"为 2，"水平间距"为 22mm，"隔行偏移"为 0mm，"垂直个数"为 2，"垂直间距"为 22mm，"隔列偏移"为 0mm，单击"确认"按钮，得到 4 个圆，如图 8-38 所示。选中 4 个圆，将它们组成群组，作为纪念章放置盒与底座的固定孔。

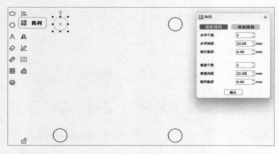

图 8-38　绘制纪念章放置盒的固定孔

使用"椭圆"工具绘制一个直径为 40mm 的圆，用来参考纪念章的位置。分别选中圆和盒子的下面板、4 个固定孔、纪念章放置盒的投影正方形，选择"对齐工具箱"中的垂直居中对齐和水平居中对齐。可以看出，纪念章放入盒中时，会覆盖固定放置盒的螺栓，纪念章的推出不会受到影响。将盒子的下面板和 4 个固定孔组成群组，即可得到带固定孔的纪念章放置盒的下面板，如图 8-39 所示。

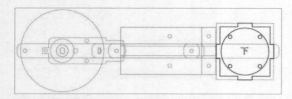

图 8-39　绘制纪念章放置盒的下面板

◆　绘制底座

（1）绘制底座平面。底座平面除了要固定曲柄滑块机构和纪念章放置盒，还需要固定

接收器、18650 电池和 TT 电机。从图库面板中选择"开源机器人硬件"选项中的"2.0 控制板（内置）"，单击"旋转"工具 3 次，将其旋转 270°，放置在凹槽的上方；再选择"开源机器人硬件"选项中的"单节 18650 电池"，删除多余的部分，放置在凹槽的下方。

选中曲柄滑块机构、纪念章放置盒投影、"2.0 控制板（内置）"和"单节 18650 电池"，查看尺寸，由此确定底座平面的尺寸为宽 220mm、高 150mm。使用"矩形"工具绘制一个宽 220mm、高 150mm 的矩形作为底座平面，使用"圆角"工具对 4 个角进行圆角处理，圆角半径为 4mm。

选中曲柄滑块机构、纪念章放置盒投影、"2.0 控制板（内置）"和"单节 18650 电池"，移动到圆角矩形的合适位置，如图 8-40 所示。

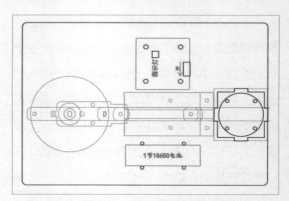

图 8-40　绘制纪念章派发机的底座平面

（2）绘制底座平面卯眼。TT 电机、接收板和 18650 电池需要固定在底座平面的下方，因此，纪念章派发机的底座采用双支架结构，如图 8-41 所示。

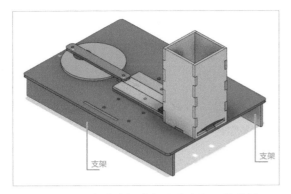

图 8-41　纪念章派发机底座支架三维效果

使用"矩形"工具绘制一个宽 50mm、高 3mm 的矩形。选择"阵列"工具中的"矩形阵列"，设置"水平个数"为 1，"水平间距"为 0mm，"隔行偏移"为 0mm，"垂直个数"为 2，"垂直间距"为 130mm，"隔列偏移"为 0mm，单击"确认"按钮，得到两个矩形，将它们组成群组。使用"对齐工具箱"中的垂直居中对齐和水平居中对齐，将两个矩形与底座平面对齐，如图 8-42 所示。

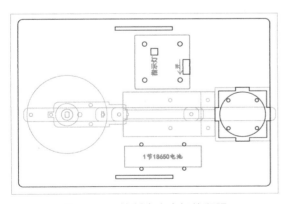

图 8-42　绘制底座支架的卯眼

（3）绘制支架。使用"矩形"工具绘制一个宽 220mm、高 30mm 的矩形，在矩形中添加榫头，与底座平面的卯眼相配合。为了让榫卯结构装配得更牢固，我们使用"矩形"

工具绘制一个宽 50.5mm、高 3mm 的矩形榫头，这里多出的 0.5mm 为激光补偿值，移动榫头，使其下端与支架矩形上端重合。选中两个矩形，选择"对齐工具箱"中的垂直居中对齐，再使用"并集"工具将两者合并，即得到一个支架。再复制得到第二个支架，如图 8-43 所示。

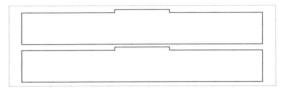

图 8-43　绘制底座支架

◆ **排版**

至此，我们就完成了纪念章派发机的图纸设计。选中全部的图形草图，单击鼠标右键，选择"解散群组"。然后依次复制纪念章派发机的零件，设置图层，进行排版，得到最终的加工图纸，如图 8-44 所示。

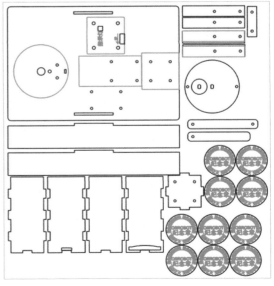

图 8-44　纪念章派发机的最终图纸

8.4 激光加工

图纸设计完成之后，我们还需设置加工工艺，然后进行切割。切割完成的实物如图8-45所示。

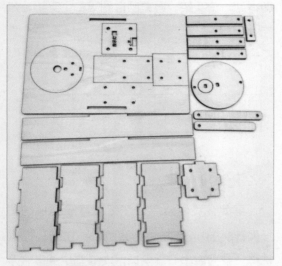

图 8-45 纪念章派发机切割实物

8.5 组装模型

8.5.1 电路连接

为了让纪念章派发机动起来，电路连接必不可少，可以按照图8-46所示连接电路。

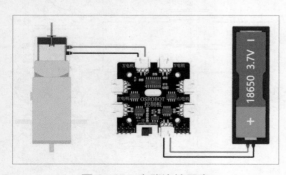

图 8-46 电路连接示意

8.5.2 结构组装

拿到激光加工的零件后，按照如下步骤（见图8-47～图8-50）组装模型。

第1步，取出底座平面和纪念章放置盒的相关零件。

第2步，用螺栓、螺母将纪念章放置盒的下面板固定在底座平面上。

第3步，将纪念章放置盒的侧面板依次组装在一起。

第4步，取出凹槽的相关零件。

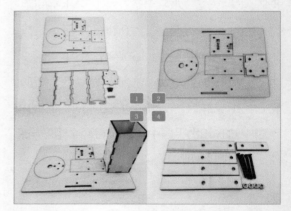

图 8-47 结构组装第1步～第4步

第5步，用螺栓、螺母将凹槽固定在底座平面上。

第6步，取出TT电机和曲柄滑块机构的相关零件。

第7步，用螺栓、螺母将TT电机固定在底座平面上。

第8步，将垫片安装到TT电机轴上。

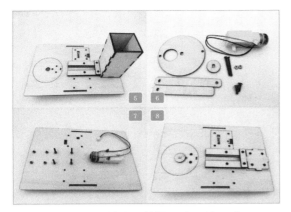

图 8-48　结构组装第 5 步～第 8 步

第 9 步，用 R3080 尼龙铆钉将连杆和滑块组装到圆盘上。

第 10 步，将曲柄滑块机构安装到 TT 电机和凹槽上。

第 11 步，取出电池和扎带。

第 12 步，用扎带将电池固定到底座平面上。

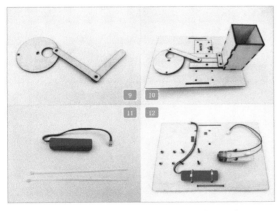

图 8-49　结构组装第 9 步～第 12 步

第 13 步，取出底座支架、接收器、螺栓、螺母和单通铜柱。

第 14 步，将单通铜柱固定到接收器上。

第 15 步，将接收器固定到底座平面上。

第 16 步，安装底座支架。

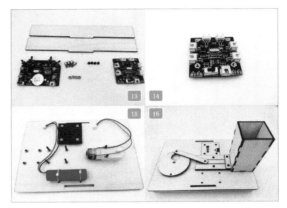

图 8-50　结构组装第 13 步～第 16 步

组装完成后，打开接收器开关，将遥控器开关拨到电池挡，完成配对后，就可以控制设备派发纪念章了。

8.6　总结

至此，纪念章派发机就制作完成了，如图 8-51 所示，在这个过程中，我们学会了曲柄滑块机构的设计和制作方法。接下来，就等 M 星球游乐场的负责人进行验收啦，相信精美的纪念章和自动派发纪念章带来的神奇体验，一定能够给游客留下一段美好的回忆。

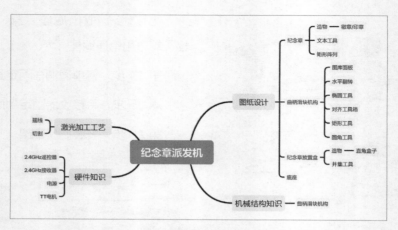

图 8-51　纪念章派发机项目总结思维导图

8.7　思考拓展

本项目设计制作的纪念章派发机基本实现了遥控派发纪念章的功能，但最后一枚纪念章在推出过程中容易卡住，大家有什么改进方法吗？本次作品的外观不算美观，可否继续优化呢？

其实，在我们的生活中，很多机械用到了曲柄滑块机构，大家知道还有哪些地方用到了这种机构吗？请发挥自己的想象力，利用曲柄滑块机构设计更多的创意项目吧。

From（来自）：M 星球
To（发往）：激光造物工厂

　　游乐场设施已收到，非常满意。游乐场需要在此基础上进行扩建。追加一套可供多人互动竞技的游乐场设施。

3022 年 9 月

嘀嘀嘀……M 星球又来订单啦！

经过两个多月的努力，激光造物工厂顺利完成了 M 星球游乐场设施设计的订单。而 M 星球在激光游乐场建成开放一个月后，随即又追加了订单，想要进一步扩建游乐场。

这次跨星球的合作真是太棒了！让我们继续完成激光造物工厂的扩建项目吧。

设计师们听到 M 星球的游乐场运营成功的消息很开心。针对 M 星球提出的扩建需要，大家又开始了一场激烈的头脑风暴。

最终，他们决定在原有设施的基础上增加一个新的项目：能量石收集竞技场。参与竞技体验的玩家通过组队方式收集能量石，在规定时间内收集到的能量石最多的玩家为本场竞赛的胜者。

经过几天的努力，扩建方案也顺利制定完成了，包括采集车、翻斗车和起吊车。你有什么想法能帮助他们丰富故事情节和玩法规则呢？

09 基础车体

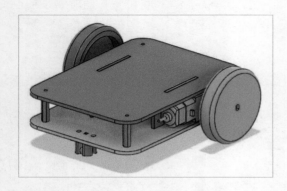

9.1 项目起源

在 M 星球的游乐场扩建任务中，设计师们需要设计 3 款竞技小车，分别是采集车、翻斗车、起吊车。为了适应竞技场的游戏规则和减少重复设计，设计师们决定首先做一个通用的基础车体。

让我们一起开启新的设计之旅吧。

9.2 确定设计方案

9.2.1 观察分析

此次设计的基础车体如图 9-1 所示，车

体结构零件包括上下两层板和中间的电机固定板，再配合两组电机、车轮与车头底部的一颗万向轮，实现行驶功能。

然后使用造物工厂提供的 OSROBOT 开源机器人遥控套件，为小车安装上接收器、电池等配件，就可以遥控小车了。本节的重点是如何使电机固定板榫头与车体底板和顶板卯眼精确拼插。

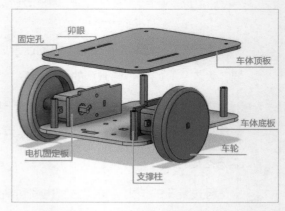

图 9-1　基础车体三维效果

经过上述分析，我们可以将本次设计的车体拆分成以下几部分，如图 9-2 所示。

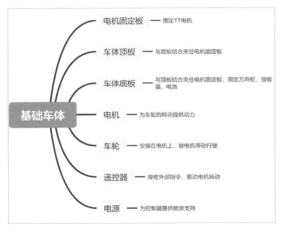

图 9-2 基础车体的组成

9.2.2 器材清单

本次作品中用到的器材见表 9-1，电子器材如图 9-3 所示。

表 9-1 制作基础车体所需的器材

序号	名称	数量
1	2.4GHz 遥控器（带电池）	1 个
2	2.4GHz 接收器	1 个
3	TT 电机（120：1）	2 个
4	18650 电池（带线）	2 节
5	椴木板（400mm×600mm×3mm）	1 张
6	螺栓、短螺栓、螺母、尼龙柱	若干

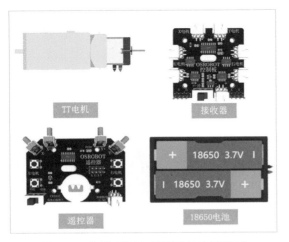

图 9-3 制作基础车体所需的电子器材

9.3 作品结构设计

制作器材选定好后，我们开始设计车体的结构。

9.3.1 建立零件表

首先，根据对车体的分析，我们可以确定作品中需要设计的结构零件，见表 9-2。

表 9-2 基础车体的零件结构

序号	名称	数量	功能
1	电机固定板	2 个	固定 TT 电机
2	车体顶板	1 个	与底板结合夹住电机固定板
3	车体底板	1 个	与顶板结合夹住电机固定板，固定万向轮、接收器、电池

9.3.2 激光建模

接下来我们参照结构零件表开始激光建模设计。

◆ 绘制电机固定板

（1）车子的行驶离不开提供动力的电机，现在需要绘制一个固定电机的固定板。在绘图箱中选择"矩形"工具绘制一个宽 25mm、高 72mm 的大矩形，如图 9-4 所示。

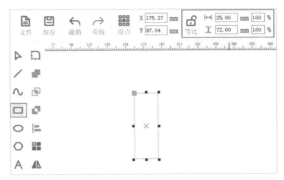

图 9-4 绘制大矩形

（2）电机固定板与车体顶板、车体底板通过榫卯结构连接，接下来需要在矩形两侧各添加一个榫头。因为3mm厚椴木板的实际厚度约为2.85mm，且激光切割时会产生损耗，所以这里设置榫头的宽度为2.85mm，高度小于大矩形的高度即可，如图9-5所示。

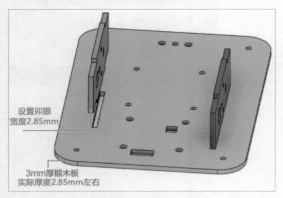

图9-5　电机固定板与车体连接的榫卯结构示意

（3）使用"矩形"工具绘制两个宽2.85mm、高40mm的小矩形。再用"选择"工具选中一个小矩形，移动到大矩形左侧并对齐。然后同时选中小矩形和大矩形，使用"并集"工具将它们合并为一个整体，如图9-6所示。

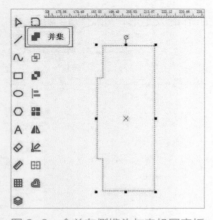

图9-6　合并左侧榫头与电机固定板

（4）用同样的方法将另一个小矩形移动到大矩形的右侧并对齐，再将它们合并，如图9-7所示。

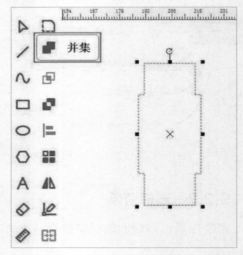

图9-7　合并右侧榫头与电机固定板

（5）接下来在电机固定板中添加TT电机的安装孔位，在图库面板的"开源机器人硬件"中选择"TT电机"图形，拖入绘图区，将图形旋转90°并组成群组，如图9-8所示。

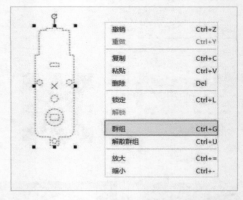

图9-8　将"TT电机"图形旋转90°后组成群组

（6）同时选中TT电机与电机固定板图形，单击"对齐工具箱"中的垂直居中对齐和水平居中对齐工具，如图9-9所示。

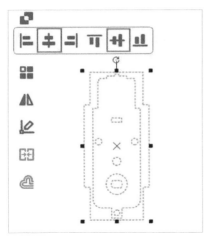

图 9-9   居中对齐 TT 电机与电机固定板图形

（7）本次设计的基础车体要用到两个TT 电机，这就需要绘制两个电机固定板。选中电机固定板，单击绘图箱中的"阵列"工具，选择"矩形阵列"，设置"水平个数"为 2，"水平间距"为 4mm，"垂直个数"为 1，其他参数值均为 0，单击"确认"按钮即可得到第二个电机固定板，如图 9-10 所示。

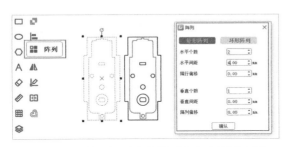

图 9-10   使用矩形阵列得到两个电机固定板

◆ **绘制车体顶板**

（1）使用"矩形"工具绘制一个宽110mm、高 150mm 的矩形，如图 9-11所示。

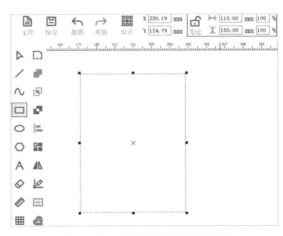

图 9-11   绘制车体顶板的矩形

（2）选中车体顶板，单击"圆角"工具，设置圆角半径为 15mm，分别单击矩形的4 个直角，将其修改为圆角，如图 9-12 所示。

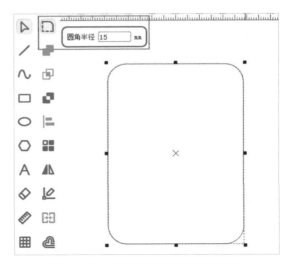

图 9-12   将矩形的直角设置为圆角

（3）接下来在车体顶板中添加用于安装电机固定板的卯眼。使用"矩形"工具绘制任意矩形，确认工具栏中的"等比"是打开状态后，将矩形设置为宽 2.85mm、高 40mm，这样一个卯眼就设计好了，如图 9-13 所示。

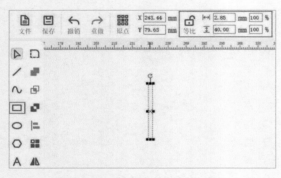

图 9-13　绘制车体顶板的卯眼

（4）添加第二个卯眼前需要确定两个卯眼之间的距离。车体中间需要放置 18650 电池，电池的宽度是 65mm，这里我们可以将两个卯眼之间的距离设置为 67mm。选中卯眼，然后单击"阵列"工具，选择"矩形阵列"，设置"水平个数"为 2，"水平间距"为 67mm，"垂直个数"为 1，其他参数值均为 0，单击"确认"按钮即可得到第二个卯眼，如图 9-14 所示。

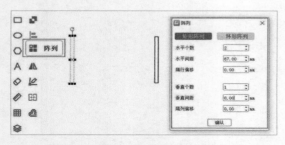

图 9-14　使用矩形阵列得到两个卯眼

（5）先将两个卯眼图形组成群组，再同时选中车体顶板图形与卯眼图形，单击"对齐工具箱"中的垂直居中对齐和水平居中对齐工具，将卯眼居中放置在车体顶板中，如图 9-15 所示。

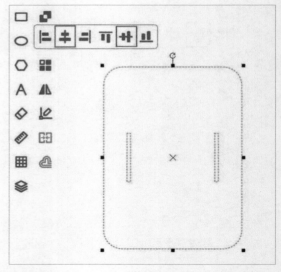

图 9-15　居中对齐卯眼和车体顶板

（6）电机通常安装在车体尾部，经过测算，将卯眼向下移动 16mm 最为合适。选中卯眼图形，在工具栏的"Y"坐标框中已有数值后输入"+16"（软件中图形的 Y 坐标增加，其位置向下移动），如图 9-16 所示。

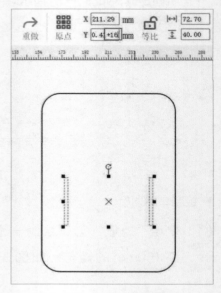

图 9-16　将卯眼下移 16mm

（7）选中移位后的卯眼图形和车体顶板图形，将它们组成群组，如图 9-17 所示。

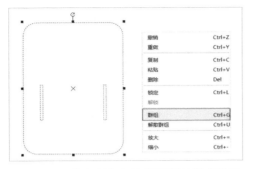

图 9-17　将卯眼和车体顶板图形组成群组

（8）卯眼设计完成，现在需要在车体的四角处添加固定孔。选择"椭圆"工具绘制一个直径为 4mm 的圆，然后单击"阵列"工具，选择"矩形阵列"，设置"水平个数"为 2，"水平间距"为 80mm，"垂直个数"为 2，"垂直间距"为 120mm，单击"确认"按钮即可得到 4 个固定孔，如图 9-18 所示。

图 9-18　使用矩形阵列得到 4 个固定孔

（9）选中 4 个固定孔并将它们组成群组。再同时选中车体顶板图形与圆孔图形，单击"对齐工具箱"中的垂直居中对齐和水平居中对齐工具，将固定孔与车体顶板对齐，如图 9-19 所示。

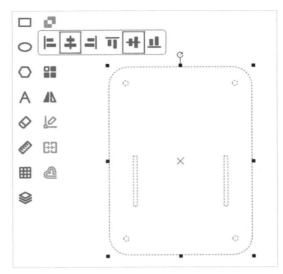

图 9-19　居中对齐固定孔与车体顶板

◆ **绘制车体底板**

（1）车体顶板设计完成后，我们可以使用矩形阵列工具得到车体底板。选中车体顶板，单击"阵列"工具，选择"矩形阵列"，设置"水平个数"为 2，"水平间距"为 4mm，"垂直个数"为 1，单击"确认"按钮，如图 9-20 所示。

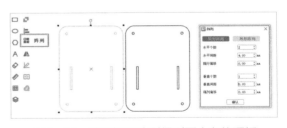

图 9-20　使用矩形阵列得到两个车体顶板

（2）为了让车体灵活移动，需要在车体底板中添加一个万向轮，在图库面板的"开源机器人硬件"中选择"万向轮"图形，拖入绘图区，如图 9-21 所示。随后将"万向轮"图形组成群组。

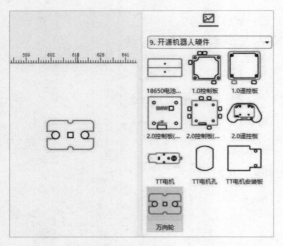

图 9-21　从图库面板中拖出"万向轮"图形

（3）选中万向轮，以绿色辅助线为参考，将其拖曳到车体底板的上方两个固定孔的中心处，如图 9-22 所示。

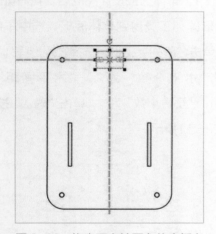

图 9-22　拖曳万向轮至车体底板上

（4）接下来还需要在车体底板中添加接收器和电池的安装孔位。在图库面板的"开源机器人硬件"中选择"2.0 控制板（内置）"图形，拖入绘图区。然后选中并移动"2.0 控制板（内置）"图形，以绿色辅助线为参考，使图形底部中点与车体底板的下方两个固定

孔的底部处于同一水平线上，且位于车体底板的垂直中心线上，如图 9-23 所示。

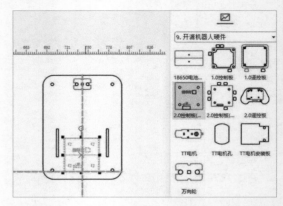

图 9-23　移动"2.0 控制板（内置）"图形
至车体底板上

（5）在图库面板的"开源机器人硬件"中选择"双节 18650 电池"图形，拖入绘图区，如图 9-24 所示。然后选中并移动"双节 18650 电池"图形，以绿色辅助线为参考，使其与车体底板中心保持在同一垂直线上，且位于"2.0 控制板（内置）"图形上方，车体底板绘制完成，如图 9-25 所示。

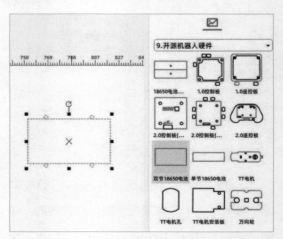

图 9-24　从图库面板中拖出"双节 18650 电池"
图形

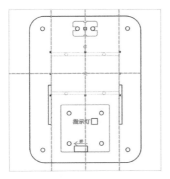

图 9-25 拖曳"双节 18650 电池"
图形至车体底板中部

◆ 排版

车体的设计图全部完成，最后对图纸进
行排版，如图 9-26 所示。

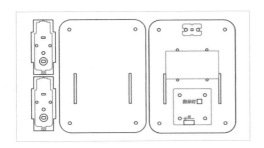

图 9-26 基础车体的图纸

9.4 激光加工

图纸设计完成之后，我们先设置加工
工艺，然后进行切割。切割完成的实物如
图 9-27 所示。

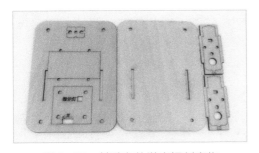

图 9-27 基础车体激光切割实物

9.5 模型组装

9.5.1 电路连接

按照图 9-28 所示连接电路，这样小车组
装完成后，就可以遥控行驶了。

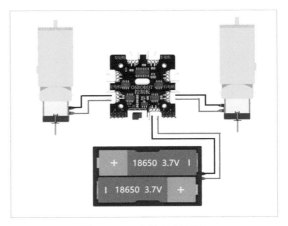

图 9-28 电路连接示意

9.5.2 结构组装

我们按照如下步骤（见图 9-29～
图 9-32）组装模型。

第 1 步，取出万向轮、车体底板、螺
栓、螺母。

第 2 步，使用螺栓将万向轮安装在车体
底板上。

第 3 步，使用螺母将万向轮拧紧。

第 4 步，取出装好万向轮的车体底板和
尼龙柱、螺母。

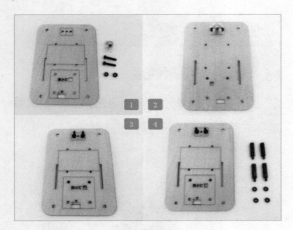

图 9-29　结构组装第 1 步～第 4 步

第 5 步，把尼龙柱插入车体底板四角处的圆孔中，并用螺母拧紧。

第 6 步，取出接收器、短螺栓、螺母。

第 7 步，使用短螺栓、螺母将接收器固定在车体底板的对应位置。

第 8 步，取出 TT 电机、电机固定板、螺栓、螺母。

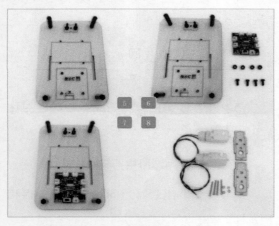

图 9-30　结构组装第 5 步～第 8 步

第 9 步，使用螺栓、螺母将电机安装在电机固定板上。

第 10 步，取出装好电机的电机固定板和第 7 步完成的车体底板。

第 11 步，将电机固定板与车体底板安装在一起（注意将电机固定板上的螺母在面板内侧，避免突出的螺栓影响车轮的安装）。

第 12 步，取出 18650 电池和扎带。

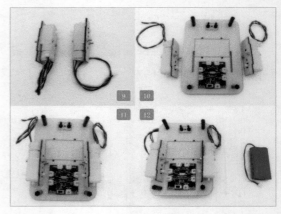

图 9-31　结构组装第 9 步～第 12 步

第 13 步，使用扎带将 18650 电池固定在车体底板的对应位置。

第 14 步，按照图 9-28 连接电路，并取出车体顶板和 4 颗短螺栓。

第 15 步，使用短螺栓将车体顶板与车体底板安装在一起。

第 16 步，装上车轮，小车车体安装完成。

图 9-32　结构组装第 13 步～第 16 步

榫头、车体顶板和底板卯眼的位置和大小设计，测算卯眼的位置后，通过改变卯眼的坐标，实现其与榫头精准对应。

至此，基础车体制作完成，设计师们迫不及待地要为它添加新的功能，让我们一起投入新的设计中吧。

9.6　总结

如图 9-33 所示，本节重点是电机固定板

9.7　思考拓展

结合古代的榫卯结构进行思考，能否不用螺栓就完成小车结构零件的拼装？一起开动脑筋想一想吧！

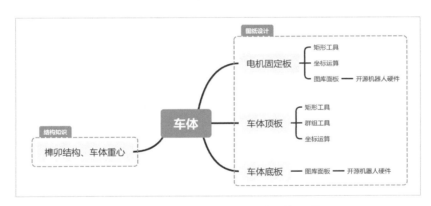

图 9-33　基础车体项目总结思维导图

10 采集车

10.1 项目起源

在设计师们的不懈努力下，基础车体已经设计完成。接下来，我们将迎来新的挑战，为 M 星球设计一款采集车，帮助玩家采集能量石。

10.2 确定设计方案

10.2.1 分析作品

能量石的外观是拼插而成的镂空的正方体，棱长为 60mm，我们可以设计一个钩子安装在 TT 电机上，通过控制 TT 电机的旋转控制钩子钩住能量石，实现能量石的采集任

务。为了美观，我们将钩子设计为鹿角的形状，并且称之为鹿角。

在上个项目中，我们完成了基础车体的设计，本项目只需要设计采集能量石的机构即可。由于采用 TT 电机作为动力装置，我们首先需要为 TT 电机设计一个能够固定在基础车体上的支架；然后设计鹿角，为了避免能量石在 TT 电机旋转时滑向鹿角根部，也为了保证鹿角更加稳固，我们可以设计两片竖向鹿角和一片横向鹿角，采用指接榫的方式将它们卡住。

这样，我们可以将采集车划分为 4 个基本组成部分：基础车体、电机支架、TT 电机和鹿角，如图 10-1 所示。

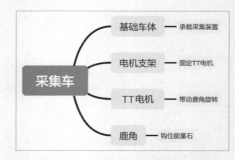

图 10-1 采集车的基本组成

10.2.2 器材清单

我们根据采集车的基本组成选择合适的材料。基础车体在项目 9 中已经设计完成，只需要在车体顶板上增加电机支架的卯眼和穿线孔即可；电机支架和鹿角都可以采用椴木板进行加工；玩家可以根据各自的操作习惯选择不同减速比的 TT 电机。最终确定的器材见表 10-1，电子器材如图 10-2 所示。

表 10-1　制作采集车所需的器材

序号	名称	数量
1	2.4GHz 遥控器（带电池）	1 个
2	2.4GHz 接收器	1 个
3	TT 电机	3 个
4	18650 电池（带线）	2 节
5	基础车体结构零件	1 套
6	椴木板(400mm×600mm×3mm)	1 张

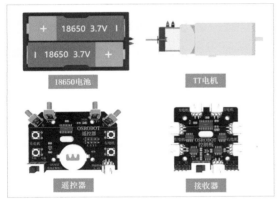

图 10-2　制作采集车所需的电子器材

10.3　作品结构设计

10.3.1　建立零件表

根据采集车的功能特点，我们可以确定本次项目设计的结构零件有 4 个，见表 10-2。

表 10-2　采集车的结构零件

序号	名称	数量	功能
1	基础车体	1 套	承载采集装置
2	电机支架	1 个	固定 TT 电机
3	TT 电机	1 个	带动鹿角旋转
4	鹿角	1 组	钩住能量石

10.3.2　激光建模

◆　绘制电机支架

采集车的采集装置采用 TT 电机作为动力装置，因此，我们的首要任务是给 TT 电机设计一个支架。

（1）确定电机支架尺寸。打开 LaserMaker 软件，从图库面板的"开源机器人硬件"中选择"TT 电机"图形，并将其拖曳到绘图区。单击鼠标右键，选择"群组"功能，将 TT 电机的所有图形组合。在工具栏可以看到 TT 电机的宽为 70.13mm，高为 22.30mm，如图 10-3 所示。因此，设定电机支架的宽为 72mm，高为 22.30mm。

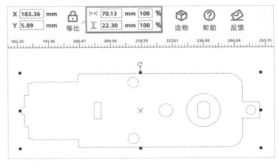

图 10-3　查看 TT 电机尺寸

（2）绘制电机支架主体。使用"矩形"工具在绘图区绘制一个宽 72mm、高 22.30mm 的矩形作为电机支架的主体。然后选中矩形和"TT 电机"图形，使用"对齐工具箱"中的水平居中对齐和垂直居中对齐工具将两者对齐，如图 10-4 所示。

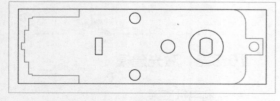

图 10-4　绘制电机支架主体

（3）绘制电机支架榫头。为了让电机支架更牢固地固定在基础车体上，我们可以加长电机支架的榫头，在榫头上另设榫卯结构的卯眼，通过穿带榫将电机支架牢牢卡在车体上，如图 10-5 所示。

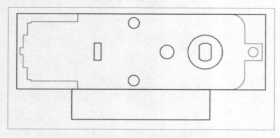

图 10-5　电机支架榫头三维效果

使用"矩形"工具在绘图区绘制一个宽 40mm、高 9mm 的矩形作为电机支架的榫头，移动该矩形，使其上端与电机支架主体的下端重合，并垂直居中对齐，如图 10-6 所示。

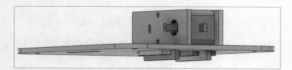

图 10-6　绘制电机支架榫头

（4）绘制电机支架榫头的穿带榫卯眼。使用"矩形"工具在绘图区绘制一个宽

20mm、高 3mm 的矩形作为穿带榫的卯眼，使用"对齐工具箱"中的水平居中对齐和垂直居中对齐工具将两者对齐，如图 10-7 所示。

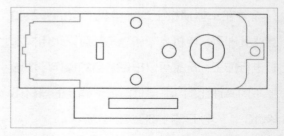

图 10-7　绘制电机支架榫头的穿带榫卯眼

（5）合并电机支架主体与榫头。按住 Ctrl 键同时选中电机支架主体和电机支架榫头，使用"并集"工具将两者合并。为了使切割更加高效，切割效果更加美观，我们只需要保留必要的孔位，通过鼠标右键菜单将 TT 电机解散群组后，删除多余的轮廓、TT 电机轴孔位和右侧的小圆。本项目需要两个电机支架，我们通过复制得到另一个电机支架，如图 10-8 所示。

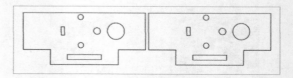

图 10-8　两个电机支架

（6）绘制卡住电机支架的木销。为了让木销能够紧紧卡住电机支架，它的榫头尺寸必须比电机支架榫头上的卯眼尺寸略大，同时考虑到激光补偿，我们可以将木销榫头的宽度设为 20.4mm。

使用"矩形"工具绘制一个宽 20.4mm、高 6mm 的矩形作为木销的榫头，再绘制一个宽 30mm、高 6mm 的矩形作为木销的柄，移动两个矩形，使它们的边缘重合并水平居中对齐。然后使用"圆角"工具对榫头进行处理，圆角半径为 2mm，如图 10-9 所示。

图 10-9　对木销榫头进行圆角处理

为了防止木销卡得太紧，我们可以在榫头上切几条线，使用绘图箱中"线段"工具绘制一条高 6mm 的线段。再使用"阵列"工具，选择"矩形阵列"，设置"水平个数"为 3，"水平间距"为 8mm，"隔行偏移"为 0mm，单击"确认"按钮，得到 3 条平行的竖线，如图 10-10 所示，然后将 3 条竖线组成群组。

图 10-10　绘制榫头上的竖线

选中 3 条竖线，拖曳到榫头上，与榫头水平、垂直居中对齐。选中榫头和柄，使用"并集"工具将两者合并，完成木销的绘制。电机支架有两个，因此需要再复制一个木销，如图 10-11 所示。

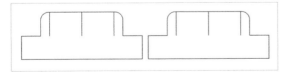

图 10-11　两个木销

◆ **绘制鹿角**

如图 10-12 所示，鹿角可以轻松钩住能量石，既美观又实用。我们将鹿角的绘制分成竖向鹿角、横向鹿角和十字榫 3 个部分。

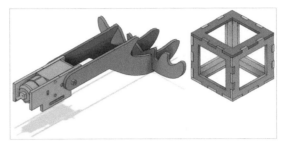

图 10-12　鹿角和能量石三维效果

（1）绘制竖向鹿角。单击"网格"工具，打开绘图区的网格，辅助接下来的绘制工作。使用"矩形"工具在绘图区绘制一个宽 90mm、高 20mm 的矩形，然后从图库面板的"开源机器人硬件"中选择"TT 电机孔"图形，并将其拖曳到矩形的左侧位置，与矩形垂直居中对齐，得到竖向鹿角的柄的轮廓，如图 10-13 所示。

图 10-13　竖向鹿角的柄的轮廓

竖向鹿角前端的轮廓是曲线，LaserMaker 软件中的曲线工具可以用来绘制贝塞尔曲线。单击绘图箱中的曲线工具，在绘图区每单击鼠标左键一次，确定曲线的一个节点，直到绘制出大概形状，并形成闭合的曲线，如图 10-14 所示。

注意

贝塞尔曲线是应用于二维图形应用程序的数学曲线。一般的矢量图形软件通过它来精确画出曲线，贝塞尔曲线由线段与节点组成，节点是可拖动的支点，线段像可伸缩的皮筋，我们在绘图工具上看到的钢笔工具就是来做这种矢量曲线的。贝塞尔曲线是计算机图形学中相当重要的参数曲线，在一些比较成熟的位图软件中也有贝塞尔曲线工具，如 PhotoShop 等。

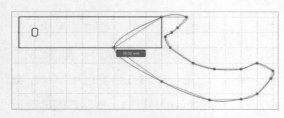

图 10-14　绘制竖向鹿角前端的轮廓

我们还需要对曲线进行调整。单击绘图箱中的"进阶工具"，选择"编辑节点"功能，通过调整节点的位置和节点的切线（切线的角度和长度都可以调整），让曲线更加圆滑，如图 10-15 所示。

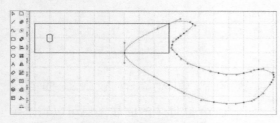

图 10-15　调整曲线

再次单击"网格"工具，关闭网格。单击"选择"工具，按住 Ctrl 键选中矩形和曲线图形，使用"并集"工具将它们合并。使用"圆角"

工具对左侧的两个直角进行处理，设置圆角半径为 10mm，防止竖向鹿角转动时，直角顶到基础车体，效果如图 10-16 所示。

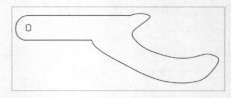

图 10-16　竖向鹿角雏形

（2）绘制横向鹿角。竖向鹿角能够完成钩住能量石的任务，但其与 TT 电机轴的连接并不稳定，而且在转动时，钩住的能量石容易套在鹿角上难以脱落，因此，在两个竖向鹿角之间卡住一个横向鹿角，让结构更加稳定的同时也能阻止能量石向电机方向滑落。

使用曲线工具，在绘图区绘制出一个鹿角的大致形状，再使用"进阶工具"的"编辑节点"功能，调整节点的位置和节点的切线，让鹿角更加形象，线条更加圆滑。选中图形，将尺寸设置为宽 64mm、高 31mm，如图 10-17 所示。

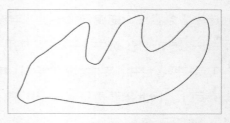

图 10-17　绘制横向鹿角的一侧

通过复制和翻转得到另一个鹿角，将两个鹿角水平居中对齐，如图 10-18 所示。再选中两个鹿角，使用"并集"工具将它们合并，如图 10-19 所示。

图 10-18　两个鹿角

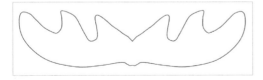

图 10-19　合并得到横向鹿角

（3）绘制十字榫。竖向鹿角与横向鹿角之间通过十字榫的结构进行连接。使用"矩形"工具绘制一个宽 2.85mm、高 10mm 的矩形作为卯眼，考虑到激光补偿，这里将卯眼宽度设置为 2.85mm，便于安装。选中矩形，使用"阵列"工具中的"矩形阵列"，设置"水平个数"为 2，"水平间距"为 25.5mm，"隔行偏移"为 0mm，单击"确认"按钮，如图 10-20 所示。

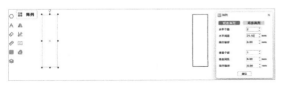

图 10-20　绘制横向鹿角的卯眼

选中两个矩形，拖曳到横向鹿角的合适位置，与横向鹿角垂直居中对齐。依次对两个矩形使用"差集"工具，生成两个卯眼，横向鹿角就绘制完成了，如图 10-21 所示。

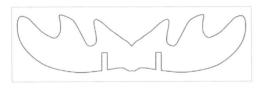

图 10-21　横向鹿角

再绘制一个宽 2.85mm、高 10mm 的矩形，拖曳到竖向鹿角的合适位置。选中矩形，使用"差集"工具生成卯眼，完成一个竖向鹿角的绘制。最后通过复制得到另一个竖向鹿角，如图 10-22 所示。

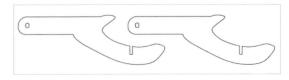

图 10-22　两个竖向鹿角

◆ **改造基础车体顶板**

电机支架最终要固定到基础车体上，因此，我们需要在基础车体的顶板上增加电机支架的卯眼。

（1）绘制电机支架卯眼。电机支架的榫头尺寸为宽 40mm、高 9mm，我们将卯眼的尺寸设定为宽 40mm、高 3mm。使用"矩形"工具绘制一个宽 40mm、高 3mm 的矩形，选中这个矩形，使用"阵列"工具中的"矩形阵列"，设置"垂直个数"为 2，"水平间距"为 19.5mm（TT 电机的厚度为 19.5mm），"隔行偏移"为 0mm，单击"确认"按钮，得到电机支架的卯眼，如图 10-23 所示。

图 10-23　绘制电机支架的卯眼

（2）确定电机支架卯眼位置。将作为电机支架卯眼的两个矩形旋转 90°，并移动到基础车体顶板上边缘处，使其与基础车体顶板垂直居中对齐。然后选中电机支架卯眼，将其 Y 坐标增加 15mm（使其向下移动 15mm），如图 10-24 所示。

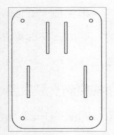

图 10-24　确定电机支架卯眼的位置

（3）绘制穿线孔。由于带动鹿角转动的 TT 电机在基础车体的上方，为了方便接线，我们需要在基础车体的顶板上预留一个穿线孔。使用"矩形"工具在绘图区绘制一个宽 8mm、高 6mm 的矩形，并将其拖曳到顶板的中心位置，如图 10-25 所示。

图 10-25　绘制顶板穿线孔

◆ 排版

最后，我们对采集车的设计图进行排版，如图 10-26 所示。

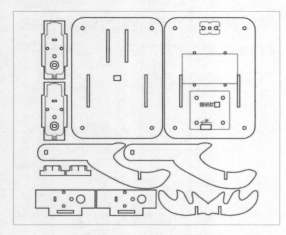

图 10-26　采集车的图纸

10.4　激光加工

设置加工工艺后，用激光切割机切割板材。切割后得到的实物如图 10-27 所示。

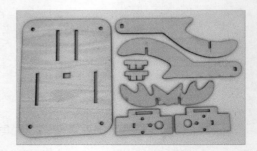

图 10-27　采集车激光切割实物

10.5　组装模型

10.5.1　电路连接

若要采集车能够正常使用，还需要将驱动鹿角转动的 TT 电机接入电路中，电路连接如图 10-28 所示。

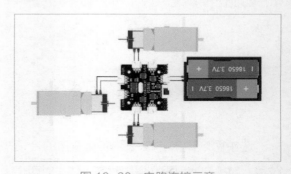

图 10-28　电路连接示意

10.5.2　结构组装

按照如下步骤（见图 10-29、图 10-30）组装模型。

第 1 步，取出新改造后的基础车体顶板和电机支架的相关零件。

第2步，将TT电机和电机支架组装在一起。

第3步，将电机支架安装到基础车体顶板上，TT电机线穿过穿线孔。

第4步，用木销卡住电机支架。

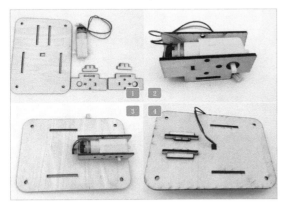

图 10-29　结构组装第1步～第4步

第5步，拆除原有基础车体的顶板，将驱动鹿角的TT电机连接到接收器上，再安装新的顶板。

第6步，取出鹿角的相关零件。

第7步，将竖向鹿角安装到电机板上。

第8步，将横向鹿角卡在竖向鹿角上。

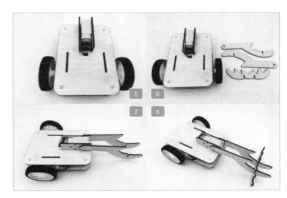

图 10-30　结构组装第5步～第8步

10.6　总结

如图 10-31 所示，在采集车的制作过程中，我们又学习了曲线工具和"编辑节点"这些新的知识，相信我们能够用新的技能创作出更加多样化的作品。

10.7　思考拓展

本项目所设计的采集车不仅结构简单，而且很实用，能够比较方便地采集能量石，大家还有没有其他的设计思路呢？

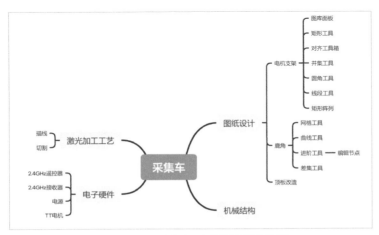

图 10-31　采集车项目总结思维导图

11 翻斗车

（图片来源：《工程车儿童乐园启蒙动画》）

11.1 项目起源

经过设计师们的精心设计，采集车已经实现了能量石的采集工作。现在，设计师们正在设计用于装卸能量石的翻斗车。翻斗车的任务是将矿场的能量石装运到竞技场的仓库中。让我们一起来看一看M星球专属的翻斗车吧。

11.2 确定设计方案

11.2.1 分析作品

生活中常见的翻斗车通常由液压装置来控制车斗的倾翻和复位。在本次项目中，我们

可以使用OSROBOT开源机器人遥控套件来进行控制。同时，我们还需要在之前完成的基础车体上增加一个翻斗。

我们可以调整车体底板上控制车轮转动的电机（称为行驶电机）的位置，把接收器移动到车体顶板，把电池、带动翻斗转动的电机（称为翻斗电机）和控制翻斗转动的装置放在车体的底板上，如图11-1所示。

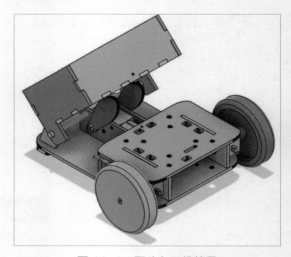

图 11-1 翻斗车三维效果

经过分析，我们可以确定翻斗车的组

成主要包括基础车体、转动装置和翻斗，如图 11-2 所示。

图 11-2 翻斗车的组成

11.2.2 器材清单

制作翻斗车所需的器材见表 11-1，电子器材如图 11-3 所示。

表 11-1 制作翻斗车所需的器材

序号	名称	数量
1	2.4GHz 遥控器（带电池）	1 个
2	2.4GHz 接收器	1 个
3	TT 电机（120:1）	2 个
4	TT 电机（220:1）	1 个
5	18650 电池（带线）	2 节
6	基础车体结构零件	1 套
7	椴木板（400mm×600mm×3mm）	2 张
8	直径 6mm 的圆木棒	1 根
9	螺栓、螺母、六角柱螺栓	若干
10	皮筋、尼龙扎带	若干

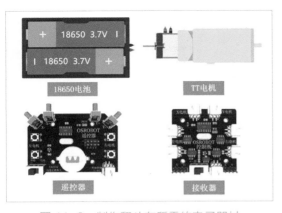

图 11-3 制作翻斗车所需的电子器材

11.3 作品结构设计

11.3.1 建立零件表

确定翻斗车的器材后，我们需要进一步细化需要设计的结构零件，见表 11-2。

表 11-2 翻斗车的结构零件

序号	名称	数量	功能
1	车体	1 套	固定电机、电池、接收器
2	转轴底座	2 个	实现翻斗的转动
3	翻斗	1 个	运载物品

11.3.2 激光建模

前期的准备工作已经完成，现在我们开始用 LaserMaker 软件进行激光建模设计。

◆ 修改车体

（1）在 LaserMaker 软件中导入基础车体的文件，如图 11-4 所示。

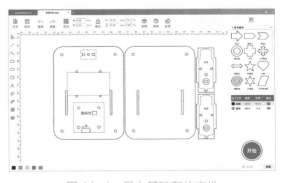

图 11-4 导入基础车体文件

（2）为了方便绘制新增的零部件，我们可以先调整设计图的摆放位置。利用组合键 Ctrl+A 将车体图纸全部选中，再单击"旋转"按钮，将图纸旋转 90°，如图 11-5 所示。

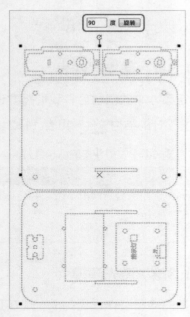

图 11-5　旋转车体图纸

（3）调整行驶电机的安装位置，为翻斗电机腾出位置。我们可以借助辅助线工具，将鼠标指针移至左侧标尺栏上，按住鼠标不放，将辅助线移动到右侧电机固定板处，并与固定板榫头的右边对齐，如图 11-6 所示。

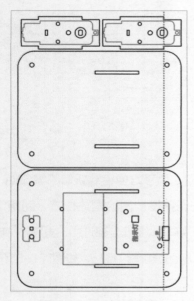

图 11-6　添加辅助线

（4）接下来移动电机固定板的安装位置。按住键盘上的 Ctrl 键，依次选中车体顶板和底板上安装电机固定板的卯眼，将它们移动至辅助线处，右端与辅助线对齐，如图 11-7 所示。

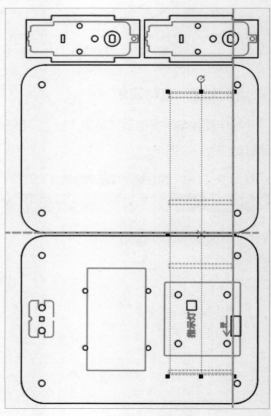

图 11-7　移动车体顶板和底板上的卯眼

（5）我们要将原本安装在车体底板上的接收器放在车体顶板上，可以先删除车体底板上原有的接收器安装孔位，再选择图库面板"开源机器人硬件"中的"2.0 控制板（外置）"图形，拖曳到车体顶板上，与安装电机固定板的卯眼居中对齐。然后旋转图形，把接收器的电源接口调整到车体的后端，如图 11-8 所示。

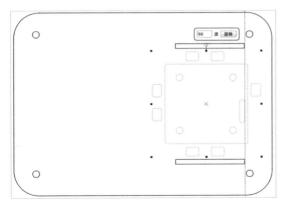

图 11-8　将"2.0 控制板（外置）"图形放在车体顶板上并旋转 90°

（6）接着移动电池的安装位置，选中车体底板上的电池图形，将其旋转 90°后移动至车体底板上与电机固定板卯眼水平居中对齐的位置，如图 11-9 所示。

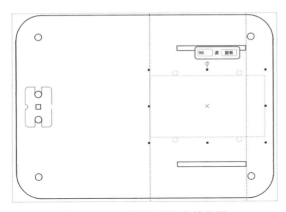

图 11-9　调整电池的安装位置

（7）我们需要缩短车体顶板，为翻斗电机预留足够的活动空间。选中顶板，将鼠标指针移动至左侧中间的黑色控制点上，在鼠标指针变为双向箭头后，按住鼠标不放并水平右移，将车体顶板的宽度缩减为电机固定板的宽度。如图 11-10 所示。

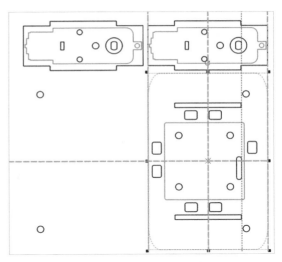

图 11-10　缩短车体顶板

（8）随着顶板的缩短和行驶电机位置的改变，用来固定两个车体面板的尼龙柱孔的位置也要进行调整。我们先删除车体顶板和底板上的尼龙柱孔，然后单击"椭圆"工具，将工具栏中的"等比"按钮解锁后，绘制一个直径为 4mm 的圆，接着以"2.0 控制板（外置）"图形为参照物（图形的长、宽都为48mm），选择"阵列"工具中的"矩形阵列"，设置"水平个数"和"垂直个数"为 2，"水平间距"和"垂直间距"为 48mm，单击"确认"按钮，得到 4 个尼龙柱孔，如图 11-11 所示。

图 11-11　绘制 4 个尼龙柱孔

（9）将 4 个尼龙柱孔组成群组后移动到车体顶板上，与"2.0 控制板（外置）"图形中心对齐，如图 11-12 所示。

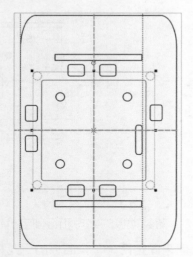

图 11-12　将尼龙柱孔组成群组并
移动到车体顶板上

（10）为了使顶板和底板上的尼龙柱孔位保持一致，我们以电机固定板卯眼作为参照物。同时选中顶板上的尼龙柱孔和电机固定板卯眼并进行复制，将复制得到的图形移动到底板上，与底板上的电机固定板卯眼对齐，如图 11-13 所示，然后删除复制的电机固定板卯眼，保留尼龙柱孔。

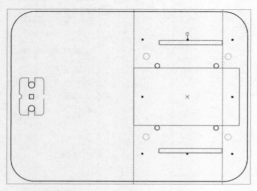

图 11-13　复制尼龙柱孔和电机固定板卯眼并移
动到底板上

（11）同时，为避免安装万向轮的螺栓影响到翻斗电机的安装，我们将万向轮图形移动至底板左侧边缘的中心处，如图 11-14 所示。

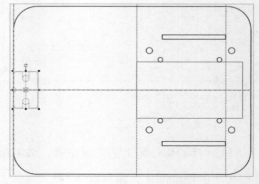

图 11-14　调整万向轮图形的位置

◆ **设计转动装置**

翻斗车的转动装置主要包括动力组件和带动翻斗翻转的转轴组件。能量石的装卸需要翻斗的灵活翻转，在套圈游戏项目中，我们用凸轮改变礼物架的运动轨迹，这里我们也可以利用凸轮的椭圆形曲线实现翻斗上下翻转的动作，让翻斗电机带动凸轮转动，如图 11-15 所示。

图 11-15　翻斗电机带动凸轮转动示意

（1）动力组件包括翻斗电机和凸轮。为了能顺利将翻斗电机固定在车体上，我们可以先测量出它的大小，在车体上绘制一个翻斗电机水平放置的轮廓图形来辅助确定翻斗电机固定板的安装位置。单击"矩形"工具，在绘图区绘制一个宽65mm、高20mm的矩形，并将该图形移动至车体底板电池图形左侧垂直居中的位置，如图11-16所示。

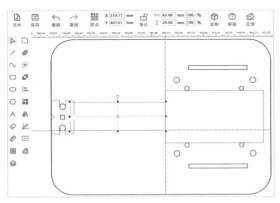

图11-16　绘制翻斗电机水平放置的轮廓图形

（2）然后修改图形的颜色，增加辨识度，方便后期绘图。单击底部图层色板中的"更多"，选择"紫色"，如图11-17所示。

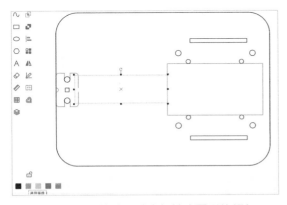

图11-17　修改翻斗电机轮廓图形的颜色

（3）接下来绘制翻斗电机两侧的固定板。为了保持翻斗车整体的美观性，翻斗电机的高度与行驶电机的高度要保持一致。单击"矩形"工具，以行驶电机为参照物，绘制一个宽56mm、高25mm的矩形，如图11-18所示。

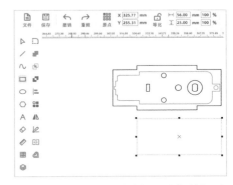

图11-18　绘制翻斗电机固定板的矩形

（4）从图11-19中可以看出，翻斗电机的上方无顶板，为了使固定板能够牢牢地安装在底板上，这里采用木销进行连接，即固定板穿过底板后，再用木销的榫头固定。

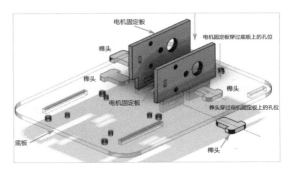

图11-19　翻斗电机固定板安装示意

（5）单击"矩形"工具，在绘图区绘制一个宽20mm、高9mm的榫头，再绘制一个宽9mm、高3mm的卯眼，如图11-20所示。

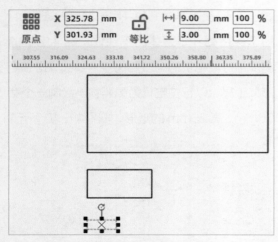

图 11-20　绘制翻斗电机固定板上的榫头和卯眼

（6）使用"对齐工具箱"将榫头和卯眼水平、垂直居中对齐。然后单击"阵列"工具，选择"矩形阵列"，设置"水平个数"为2，"水平间距"为5mm，单击"确认"按钮，如图 11-21 所示。

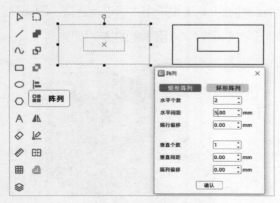

图 11-21　使用矩形列阵得到两个带有卯眼的榫头

（7）将生成的两个榫头放置在翻斗电机固定板的底部并保持居中对齐。然后按住 Ctrl 键，依次选中翻斗电机固定板和榫头，单击"并集"工具，效果如图 11-22 所示。

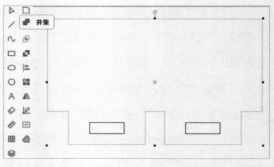

图 11-22　合并榫头与翻斗电机固定板

（8）下面为翻斗电机固定板绘制电机轴孔位。参照行驶电机固定板中电机的位置，找到图库面板"开源机器人硬件"中的"TT 电机"图形，选中并拖曳至翻斗电机固定板中，如图 11-23 所示。

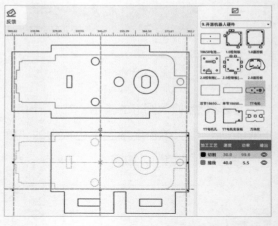

图 11-23　调用"TT 电机"图形并拖曳至翻斗电机固定板中

（9）为了让翻斗电机牢固可靠地安装在底板中，我们可以在它的两侧都放置固定板。选中翻斗电机固定板，单击"阵列"工具选择"矩形阵列"，设置相应参数的数值，单击"确认"按钮，如图 11-24 所示。

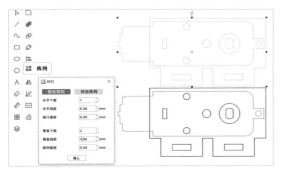

图 11-24　复制翻斗电机固定板

（10）将翻斗电机固定板移动到底板上方，与翻斗电机的轮廓图形保持右对齐，方便后面在底板上绘制安装孔（卯眼），如图 11-25 所示。

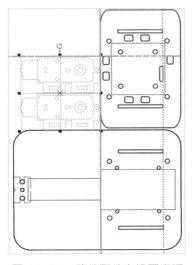

图 11-25　移动翻斗电机固定板

（11）接下来我们设计与翻斗电机固定板相配合的 T 字形木销。为了增加拼接的紧密度，可以将木销的榫头宽度增加 0.2mm（激光补偿值）。用"矩形"工具绘制一个宽 9.2mm、高 13mm 的矩形作为榫头，再绘制一个宽 15mm、高 6mm 的矩形作为榫头的帽子（以下简称"榫帽"），将榫帽移动到榫

头的下方，保持居中对齐，如图 11-26 所示。

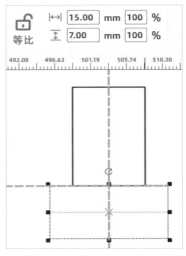

图 11-26　绘制榫头和榫帽

（12）选中榫头和榫帽，单击"并集"工具将两者合并。再使用"圆角"工具处理榫头和榫帽的角，设置圆角半径为 3mm，如图 11-27 所示。

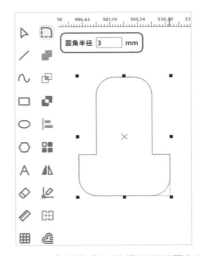

图 11-27　合并榫头和榫帽并进行圆角处理

（13）单击"阵列"工具，选择"矩形阵列"，修改相应的参数后单击"确认"按钮，得到 4 个木销，如图 11-28 所示。

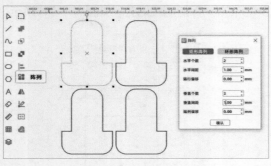

图 11-28　复制木销

（14）下面我们还需要在车体底板上绘制翻斗电机固定板的卯眼。参考固定板榫头的宽度，用"矩形"工具绘制一个宽 20mm、高 3mm 的矩形。在使用"阵列"工具中的"矩形阵列"，设置"水平个数"为 2，"水平间距"为 5mm（固定板榫头的间距），"垂直个数"为 2，"垂直间距"为 20mm（翻斗电机轮廓图形的高度），单击"确认"按钮，如图 11-29 所示。

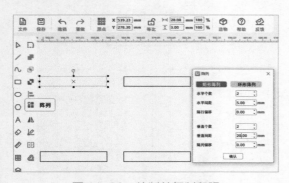

图 11-29　绘制并复制卯眼

（15）将卯眼移动到底板上 TT 电机的轮廓图形中心处，并与翻斗电机固定板的榫头对齐，如图 11-30 所示。

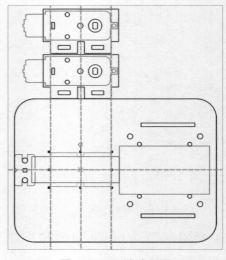

图 11-30　移动卯眼

（16）接下来需要绘制能使翻斗翻转的凸轮。理论上，凸轮的长度越长，翻斗升得越高。但考虑到安装空间的实际情况，安装在电机轴上的凸轮长度不能超过 TT 电机的长度，凸轮的高度也不能超过翻斗电机固定板的高度（25mm）。单击图库面板"机械零件"中的"凸轮"图形，将图形拖曳到翻斗电机固定板中，如图 11-31 所示。

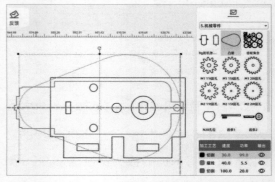

图 11-31　调用图库中的"凸轮"图形并拖曳到翻斗电机固定板中

（17）在工具栏中将凸轮的宽度和高度数值分别改为 60mm 和 20mm。同时将凸轮旋转 180°，让圆弧大的一端与翻斗接触，使翻斗转动更平稳。并适当延长 TT 孔位到凸轮顶端的距离，如图 11-32 所示。

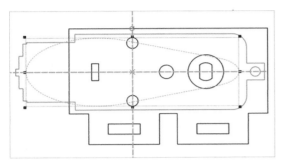

图 11-32　修改凸轮大小后旋转并移动凸轮

（18）在实际组装中我们只需要用到翻斗电机固定板中的圆孔，多出来的 TT 孔位可以用于需要安装在电机上的凸轮。按住 Ctrl 键，依次选中 TT 孔位和凸轮，将其移动到固定板外。然后单击"阵列"选择"矩形阵列"，设置相应的参数，单击"确认"按钮，复制一个相同的带有 TT 孔位的凸轮，如图 11-33 所示。

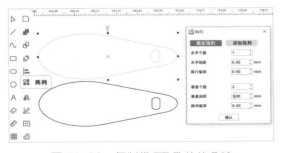

图 11-33　复制带 TT 孔位的凸轮

（19）完成了动力组件，我们开始绘制转轴组件，即用于将圆木棒（转轴）固定在车体上的转轴底座，如图 11-34 所示。

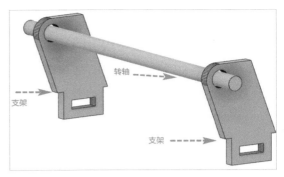

图 11-34　转轴底座三维效果

（20）先在车体底板上绘制转轴的横切面，作为后续绘制转轴底座的参照物。单击"矩形"工具绘制一个宽 6mm、高 110mm 的矩形。为了区分该参照物，单击图层色板中的"更多"，选择"紫色"，将该矩形改为紫色。然后将矩形拖曳到车体底板上，并与车体底板左对齐，如图 11-35 所示。

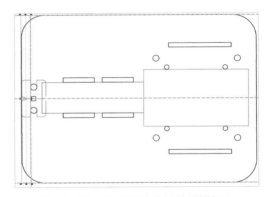

图 11-35　绘制并移动转轴的横切面

（21）考虑到车体底板上组件较为紧凑，可以将转轴底座中的支架设计成向外延伸的平行四边形，轴孔位于平行四边形延伸出的部分，这样可以有效减少或避免转轴与翻斗电机间的摩擦。

选择图库面板"基本图形"中的"平行

四边形"，将图形拖曳到绘图区。再单击工具箱中的水平翻转工具，如图 11-36 所示。我们还需要使支架与翻斗电机固定板的高度保持一致，单击工具栏中的"等比"按钮，将平行四边形的高度改为 25mm。

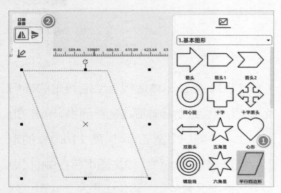

图 11-36　调用图库中的"平行四边形"图形并将其翻转

（22）为了使转轴支架能更好地固定在车体上，我们依旧采用木销进行连接。单击工具栏中的"等比"按钮，解除锁定，再单击"矩形"工具，分别绘制一个宽 15mm、高 9mm 的矩形和一个宽 9mm、高 3mm 的矩形，作为支架的榫头和卯眼。选中这两个矩形，依次单击"对齐工具箱"中的水平居中对齐和垂直居中对齐工具，如图 11-37 所示。

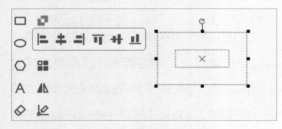

图 11-37　将支架榫头和卯眼居中对齐

（23）将两个矩形（即带有卯眼的榫头）移动到平行四边形下方，与底边居中对齐。然

后按住 Ctrl 键，依次选中平行四边形和矩形，单击"并集"工具，将其合并，如图 11-38 所示。

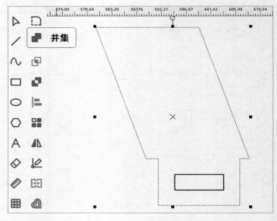

图 11-38　合并图形得到底座支架

（24）单击"圆角"工具，设置圆角半径为 5mm，再单击平行四边形左上方的角，将其改为圆角。然后单击"椭圆"工具，绘制一个直径为 6mm 的圆，并将圆移动到支架的左上方，圆心落在圆弧的圆心处，如图 11-39 所示。

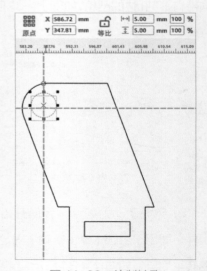

图 11-39　绘制轴孔

（25）我们可以直接复制翻斗电机固定板中的木销作为转轴底座的木销，将它放在支架旁。然后单击"阵列"工具选择"矩形阵列"，修改相应的参数后单击"确认"按钮，得到另一组转轴底座，如图 11-40 所示。

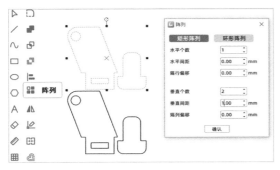

图 11-40　复制转轴底座

（26）接下来在车体底板上绘制转轴底座的卯眼。单击"矩形"工具，绘制一个宽15mm、高3mm的矩形。为了底座的稳固性，我们将卯眼设定在距车体边缘6mm处，通过计算得出卯眼间的距离为 110−2×（6+3）=92mm。单击"阵列"工具选择"矩形阵列"，设置相应的参数后单击"确认"按钮，如图 11-41 所示。

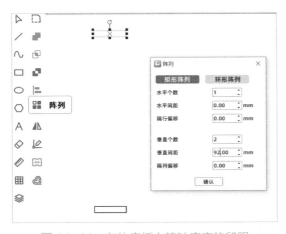

图 11-41　车体底板上转轴底座的卯眼

（27）我们借助辅助线来确定转轴底座卯眼在车体底板上的位置。将鼠标指针移动至左侧标尺栏处，单击并拖曳一条辅助线，移动至转轴横切面的右边缘。然后选中底座图形，移动到车体底板的上方，确保底座支架中的轴孔右端与辅助线对齐。再从左侧标尺栏处拖曳一条辅助线，移动至底座支架榫头的左边处，如图 11-42 所示。

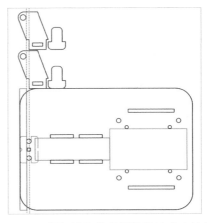

图 11-42　增加辅助线并调整转轴底座的位置

（28）选中并移动转轴底座的卯眼，将卯眼左边与第二条辅助线对齐，并与车体底板垂直居中对齐，如图 11-43 所示。

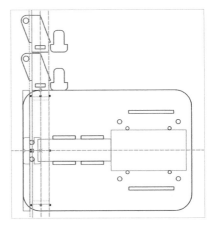

图 11-43　确定车体底板上转轴底座卯眼的位置

◆ 绘制翻斗

（1）我们知道基础车体面板的宽为150mm、高为110mm，单击车体顶板，从工具栏中可以得知其宽度为72mm，由此推算出翻斗底面宽、高的最大值分别为78mm和110mm。另外，能量石的边长为60mm，为了方便卸载能量石，我们将翻斗的高度设置为40mm，宽度设置为75mm。

单击工具栏中的"造物"，在弹出的窗口中选择"直角盒子"，设置盒子的参数值，单击"确认"按钮，如图11-44所示。

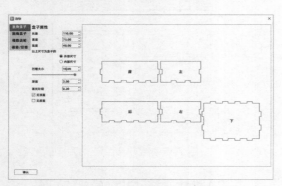

图11-44　使用"造物"绘制盒子

（2）翻斗需要同转轴连接，所以需要在翻斗的左、右面板上绘制支撑脚。复制一个转轴支架的图形作为参照物，单击图层色板中的"更多"，选择"紫色"，将其颜色改为紫色，然后移动到右面板的下方，并与右面板保持左对齐，如图11-45所示。

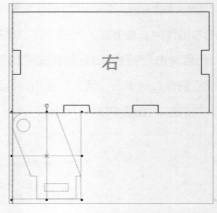

图11-45　将复制得到的转轴支架移动到右面板下方

（3）接着绘制支撑脚。单击图层色板中的"通用切割"（颜色为黑色），再单击"矩形"工具，以右面板底部左端点为起点，绘制一个与右面板左下角榫头宽度相同的矩形，如图11-46所示。这里支撑脚的高度无固定值，确保轴孔在支撑脚的位置合适即可。

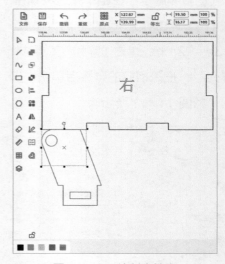

图11-46　绘制支撑脚

（4）单击"选择"工具，按住 Ctrl 键，依次选中支撑脚和右面板后，单击"并集"工具，将图形合并。考虑到支撑脚在转轴支架的外侧，为了使其更美观，我们用"圆角"工具处理下方的两个角，如图 11-47 所示。

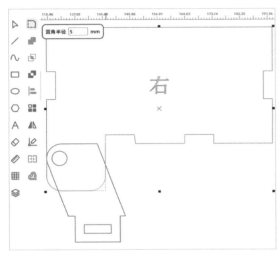

图 11-47　合并支撑脚和右面板后，将下方的角设置为圆角

（5）选中转轴支架中的轴孔，单击图层色板中的"通用切割"，将其作为支撑脚中的轴孔，如图 11-48 所示。

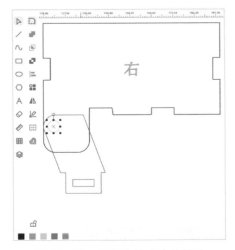

图 11-48　设置支撑脚中的轴孔

（6）右面板中的支撑脚绘制完成，我们可以使用"矩形阵列"复制得到另一个右面板，如图 11-49 所示，把它作为翻斗的左面板。

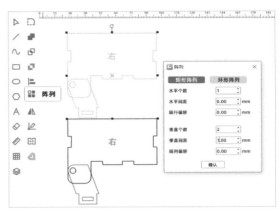

图 11-49　复制得到另一个带有支撑脚的右面板

（7）翻斗通过支撑脚上的轴孔安装在转轴上，它被凸轮推起来后，难以落回原处，所以我们还需要给它一个外力。我们可以借助一根皮筋使翻斗复位，当凸轮将翻斗推起来时，皮筋张力变大，在凸轮回转后，翻斗会被皮筋拉回来。单击"椭圆"工具，绘制一个直径为 2mm 的圆，并将圆移动到翻斗后面板底部的中间位置，如图 11-50 所示。

图 11-50　绘制翻斗后面板中的皮筋孔

（8）复制得到另一个圆，将其移动到车体顶板左端的中间位置，如图 11-51 所示。

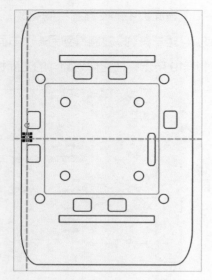

图 11-51　绘制车体顶板中的皮筋孔

◆ 排版

　　翻斗车的结构零件绘制完成，我们将提示词、辅助线和参照物等不需要的内容删除，同时为了提高木板的利用率，适当调整设计图的布局，如图 11-52 所示，然后保存文件。

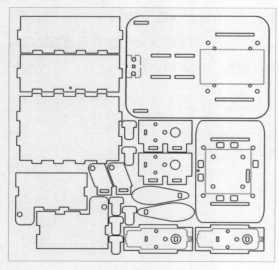

图 11-52　翻斗车的图纸

11.4　激光加工

　　在检查、确认描线、切割的速度和功率等加工工艺的设置无误后，开始用激光切割机完成作品的切割，完成切割的实物如图 11-53 所示。

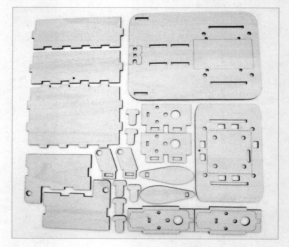

图 11-53　翻斗车切割实物

11.5　组装模型

11.5.1　电路连接

　　按照图 11-54 连接好电路。由于翻斗车转动的速度不宜过快，我们选用 220：1 减速比的电机作为翻斗电机。

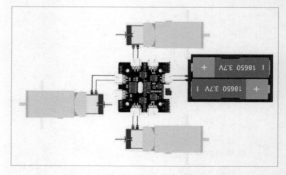

图 11-54　电路连接示意

11.5.2 结构组装

下面进行模型的组装。我们需要将 3 个 TT 电机、2 节 18650 电池和 2.4GHz 接收器固定到相应位置，并组装车体、转动装置和翻斗，具体步骤如下（见图 11-55~ 图 11-60）。

第 1 步，取出车体底板、电池和尼龙扎带。

第 2 步，用尼龙扎带将电池固定在车体底板上。

第 3 步，取出行驶电机固定板、220 : 1 减速比的 TT 电机和相应的螺栓、螺母。

第 4 步，将 TT 电机装到行驶电机固定板上，再固定到车体底板上。

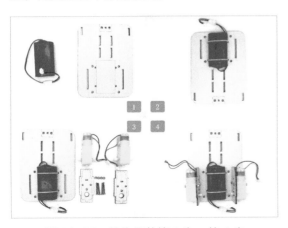

图 11-55　结构组装第 1 步～第 4 步

第 5 步，取出翻斗电机固定板、翻斗电机及相应的螺栓、螺母。

第 6 步，将翻斗电机装到翻斗电机固定板上，再固定到车体底板上。

第 7 步，取出六角柱及配套螺栓。

第 8 步，将六角柱固定到底板的相应的孔位上。

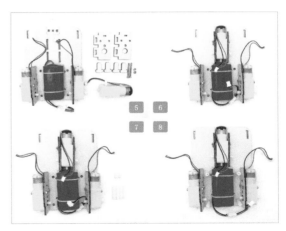

图 11-56　结构组装第 5 步～第 8 步

第 9 步，取出车体顶板、接收器及螺栓、螺母。

第 10 步，将接收器固定到车体顶板上。

第 11 步，取出之前组装的车体底板及六角柱螺栓。

第 12 步，先将底板上电子器材的连接线穿过顶板与接收器连接，再用六角柱螺栓固定车体顶板和底板。

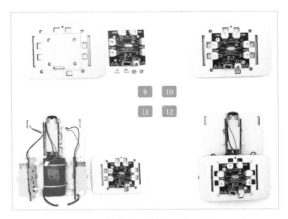

图 11-57　结构组装第 9 步～第 12 步

第 13 步，取出万向轮、车轮及螺栓、螺母。

第 14 步，将万向轮固定在车头，将车轮安装到行驶电机的转轴上。

第 15 步，取出凸轮及剪断的皮筋。

第 16 步，将凸轮固定到翻斗电机的转轴上，将皮筋穿过顶板圆孔并打结。

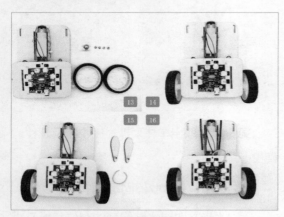

图 11-58　结构组装第 13 步～第 16 步

第 17 步，取出翻斗面板。

第 18 步，将翻斗各面板组装起来。

第 19 步，取出转动装置的底座配件。

第 20 步，将底座固定到车体前端。

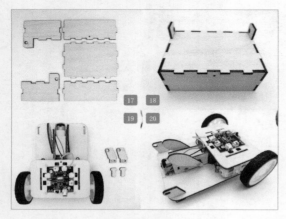

图 11-59　结构组装第 17 步～第 20 步

第 21 步，取出翻斗和圆木棒。

第 22 步，将翻斗放在转轴底座外，用圆木棒固定。

第 23 步，取出剪断的皮筋。

第 24 步，将皮筋固定在翻斗上，再与车体的皮筋打结。

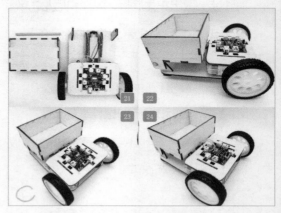

图 11-60　结构组装第 21 步～第 24 步

到这里，我们的翻斗车就组装完成了，如图 11-61 所示。拿出遥控器，我们就可以开始让它搬运物品啦！

图 11-61　翻斗车实物

11.6 总结

如图 11-62 所示，在翻斗车的制作过程中，我们学习了如何对已有图纸进行修改，体验了参照物在绘制设计图中的作用，同时也进一步熟悉了软件中矩形阵列工具、圆角工具、对齐工具箱等工具的使用。

11.7 思考拓展

在本次的翻斗车的制作中，我们用了 LaserMaker 软件造物中最基础的"直角盒子"。关于翻斗的设计，你有更好的想法吗？另外，虽然已经考虑到电机的转速会影响翻斗的翻转，采用了低减速比的电机，但在实际操作中，翻斗还是会因为惯性将物品快速倒在地上，你有好的方法来改进吗？期待你的奇思妙想！

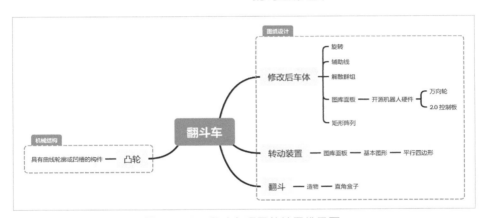

图 11-62　翻斗车项目总结思维导图

12

起吊车

12.1 项目起源

经过设计师们的努力，能量石收集竞技场的设施制作进展顺利。在完成采集车、翻斗车的设计后，设计师们需要完成最后一个任务：能量石吊装。就是将放在仓库中的能量石吊装至位于竞技场高处的能源中心。

是时候让我们的"大力士"——起吊车上场了。它有着长长的吊臂和粗粗的缆绳，巨大的吊钩可以轻松地把能量石从平地吊到高处。让我们来看一看设计师们是如何设计起吊车的。

12.2 确定设计方案

12.2.1 分析作品

在开始设计之前，先来分析一下起吊车的结构。它的主要特点是可以实现起吊、搬运和卸载的动作。搬运可以由轮式底盘来完成，起吊和卸载则需要吊臂来实现。于是我们可以将起吊车的设计分为实现移动（搬运）功能的车体结构和实现起吊功能的起吊结构。在前面我们已经完成了基础车体的设计制作，所以在本项目中，起吊结构的设计是重点。

如图 12-1 所示，起吊结构由绞盘、吊臂和吊钩 3 个部分组成，而绞盘由电机动力结构、绞缆筒和固定支架组成。我们最终确定起吊车的组成如图 12-2 所示。

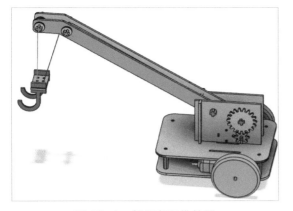

图 12-1　起吊车三维效果

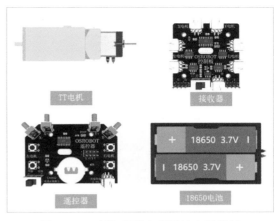

图 12-3　制作起吊车所需的电子器材

12.3　作品结构设计

12.3.1　建立零件表

根据对起吊车的分析，我们可以确定作品中需要设计的结构零件表，见表 12-2。

表 12-2　起吊车的结构零件

序号	名称	数量	功能
1	绞盘	1个	固定吊臂，并通过转动改变缆绳长度，从而让吊钩上升或下降
2	吊臂	1个	连接吊钩，让吊钩处于起吊物上方
3	吊钩	1个	用于连接起吊物
4	基础车体	1套	实现起吊车的位置移动

12.3.2　激光建模

◆　绘制绞盘

本次起吊车中绞盘的主要作用是通过电机来收 / 放缆绳，这就需要在设计绞盘时预留电机固定孔位，同时，绞盘需要固定在基础车体上。我们可以将绞盘分成 3 部分：电机动力结构、绞缆筒和固定支架。为了让起吊的速

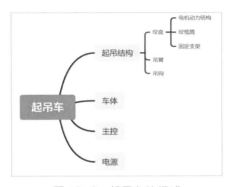

图 12-2　起吊车的组成

12.2.2　器材清单

制作起吊车所需的器材见表 12-1，电子器材如图 12-3 所示。

表 12-1　制作起吊车所需的器材

序号	名称	数量
1	2.4GHz 遥控器（带电池）	1个
2	2.4GHz 接收器	1个
3	TT 电机（220:1）	3个
4	18650 电池	2节
5	基础车体	1套
6	椴木板（400mm×600mm×3mm）	1张
7	螺栓、螺母、螺栓铜柱、缆绳	若干
8	R3080 尼龙铆钉	2个
9	尼龙扎带	2根

度不至于过快，我们需要在电机动力结构部分设计减速齿轮。绞盘的结构如图 12-4 所示。

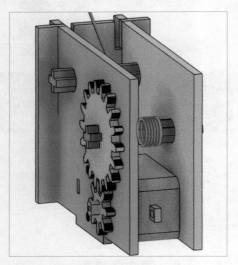

图 12-4　绞盘结构示意

（1）电机动力结构。我们需要设计一组减速齿轮，其中小齿轮安装在电机轴上，大齿轮安装在绞缆筒上。

① 单击工具栏的"造物"，在弹出窗口中选择"模数齿轮"，设置小齿轮的齿数为 8，大齿轮的齿数为 18，齿轮模数为 2，齿轮轴孔直径为默认的 3mm，单击"确认"按钮，生成两个齿轮的图形，如图 12-5 所示。

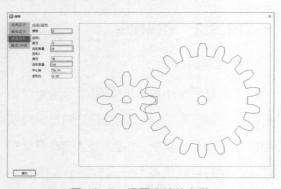

图 12-5　设置齿轮的参数

② 小齿轮的轴孔需要换为 TT 电机的轴孔形状。删除小齿轮中心的图形，在图库面板的"机械零件"中选择"TT 孔位"图形，拖曳到小齿轮的中心，如图 12-6 所示。

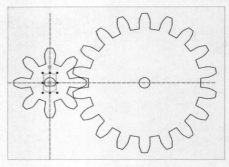

图 12-6　更换小齿轮的轴孔

③ 大齿轮与绞缆筒相连接，我们将绞缆筒的轴设计为十字轴，所以这里大齿轮的轴孔需要修改为十字轴孔。选择"矩形"工具，绘制两个宽 2.7mm、高 8mm 的矩形，并将其中一个矩形旋转 90°，如图 12-7 所示。

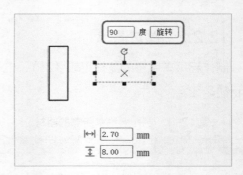

图 12-7　绘制两个矩形

④ 选中这两个矩形，分别点击"对齐工具箱"中的"水平居中对齐"和"垂直居中对齐"，可以得到一个十字的图形，然后单击"并集"合并图形，将该图形放置在大齿轮的中心，如图 12-8 所示，替换掉大齿轮的圆孔。

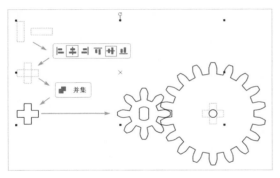

图 12-8　将十字轴孔放置在大齿轮的中心

（2）绞缆筒。绞缆筒穿过电机固定板，通过电机的带动实现缆绳的收 / 放，可以将其设计为十字轴的样式。如图 12-9 所示，一根十字轴由两块木板拼插而成。绞缆筒和吊臂总共需要 4 根这样的十字轴，也就是 8 块相互拼插的木板。

图 12-9　十字轴组装示意

① 我们设计的十字轴孔长边为 8mm，考虑到激光加工损耗的因素，我们可以给十字轴的宽度增加 0.3~0.6mm。用"矩形"工具绘制一个宽 8.4mm、高 40mm 的矩形，再绘制一个宽 2.7mm、高 20mm 的小矩形。选中这两个矩形，单击"对齐工具箱"中的"水平居中对齐"和"上对齐"。然后选中小矩形，单击"差集"工具，如图 12-10 所示。

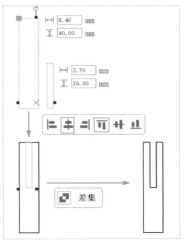

图 12-10　绘制十字轴木板图形

② 选中十字轴木板图形，单击"阵列"工具，选择"矩形阵列"，设置参数，生成 8 个相同的图形，如图 12-11 所示。

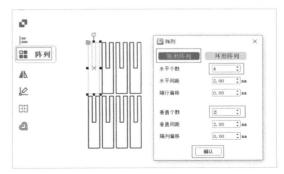

图 12-11　生成 8 个十字轴木板图形

③ 为了防止十字轴在转动时出现偏移脱落的情况，我们设计若干带十字轴孔的圆形轴套。用"椭圆"工具绘制一个直径为 15mm 的圆，然后将减速齿轮组中大齿轮的十字轴孔复制移动到该圆的中心，再用"矩形阵列"生成 8 个圆形轴套，如图 12-12 所示。

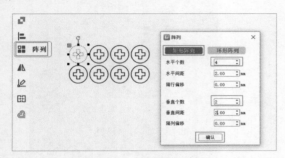

图 12-12　绘制圆形轴套

（3）固定支架。固定支架由 3 块木板组成。其中两块木板分别位于电机的两侧，起到固定电机的作用，我们称之为电机固定板。另外一块木板与两块电机固定板垂直拼插，起到支撑吊臂的作用，我们称之为吊臂支撑板。然后分别在 3 块木板下方设计榫头，把它们安装在基础车体上。

① 先来设计电机固定板。打开 LaserMaker 软件，选择绘图箱中的"矩形"工具，绘制一个宽 88mm、高 64mm 的矩形，如图 12-13 所示。

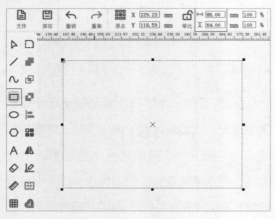

图 12-13　绘制矩形

② 从图库面板的"开源机器人硬件"中选择"TT 电机"，并将它拖曳到矩形中。为

了便于后续操作，选中"TT 电机"图形，单击鼠标右键选择"群组"，如图 12-14 所示。

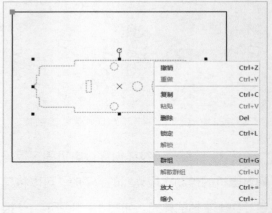

图 12-14　将"TT 电机"图形组成群组

③ 用"选择"工具选中矩形和组成群组的电机图形，然后单击绘图箱的"对齐"工具箱，选择其中的水平居中对齐和下对齐。再绘制一个宽 30mm、高 3mm 的矩形作为榫头，将其放置在电机固定板底部中间。同时选中大矩形和榫头矩形，使用"并集"工具将两者合并为一个整体，如图 12-15 所示。

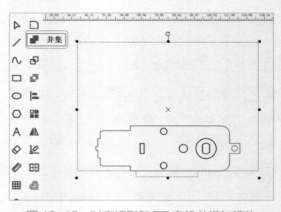

图 12-15　对齐矩形和 TT 电机并增加榫头

④ 接下来我们要将前面设计的齿轮组放置在电机固定板上，这样就可以确定绞缆筒轴

的开孔位置。我们可以将小齿轮的轴孔与电机轴孔重合，这样大齿轮的位置也会确定下来。选中两个齿轮图形，旋转 −90°，让小齿轮处于大齿轮的下方，如图 12-16 所示。同时将小齿轮的轴孔旋转 90°。

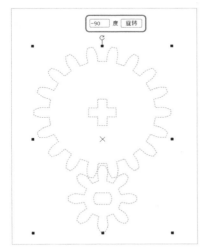

图 12-16　调整两个齿轮的相对位置

⑤ 将该齿轮组图形组成群组，并移动到电机固定板上，放置时慢慢移动图形，使小齿轮的轴孔与电机固定板上的 TT 电机轴孔重合，如图 12-17 所示。

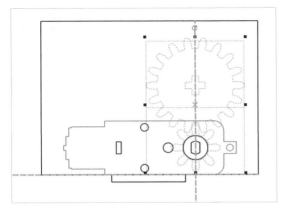

图 12-17　将两个齿轮移动到电机固定板上

⑥ 为了让十字轴能够灵活转动，我们用"椭圆"工具绘制一个直径为 8.6mm 的圆，放置在大齿轮的中心，刚好包住中心的十字轴孔，如图 12-18 所示。需要注意的是，这个圆孔要放置在电机固定板上而非齿轮上。放置完成后，将齿轮组图形移开。

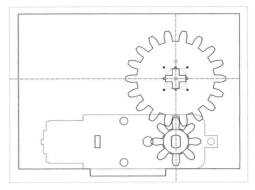

图 12-18　在电机固定板上增加一个圆孔

⑦ 在电机固定板上设计安装吊臂支撑板的卯眼。拖曳一条与电机左侧对齐的辅助线，然后用"矩形"工具绘制一个宽 2.7mm、高 32mm 的矩形，沿着辅助线放置在电机固定板的上方。选择"差集"工具，完成电机固定板的卯眼，如图 12-19 所示。

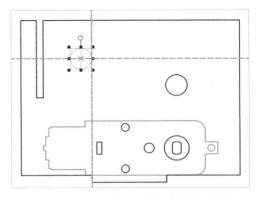

图 12-19　在电机固定板上增加卯眼

⑧ 电机固定板除了起到固定电机的作用，还需要与吊臂连接。我们在电机固定板卯眼右侧居中位置绘制一个直径为 8.6mm 的圆，作为吊臂的安装孔，然后删掉 TT 电机图形中多余的 TT 孔位图形，如图 12-20 所示。

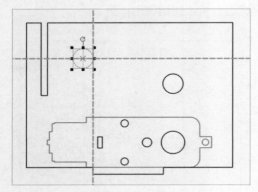

图 12-20　增加吊臂安装孔并删掉多余的 TT 孔位图形

⑨ 这样电机固定板就完成了，可以通过复制生成另一块电机固定板，如图 12-21 所示。

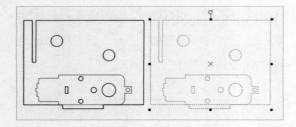

图 12-21　复制生成另一侧的电机固定板

⑩ 接下来绘制吊臂支撑板。现实生活中起吊车的吊臂是可以调节角度的，为了降低难度，我们将本次起吊车的吊臂设计成固定的，吊臂与水平方向的夹角就是吊臂的倾斜角，如图 12-22 所示。

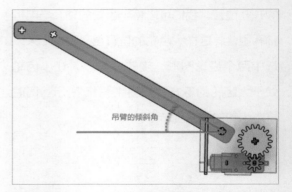

图 12-22　吊臂与电机固定板组装示意

⑪ 用"矩形"工具绘制一个宽 40mm、高 64mm 的矩形，在矩形上再绘制一个宽 2.7mm、高 32mm 的小矩形。选中小矩形，单击"阵列"工具，选择"矩形阵列"，设置"水平个数"为 2，"水平间距"为 20mm，单击"确认"按钮，如图 12-23 所示。这是因为电机的机体部分宽度约为 20mm，即两个电机固定板之间的距离为 20mm，吊臂支撑板上卯眼的距离也应该为 20mm。

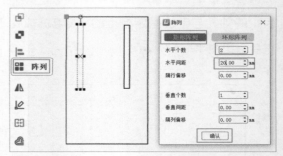

图 12-23　使用矩形阵列得到两个卯眼

⑫ 选中这两个小矩形，将它们移动到大矩形底部居中位置，如图 12-24 所示。

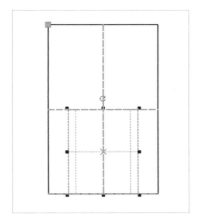

图 12-24　将卯眼移动到大矩形底部居中位置

⑬ 接着绘制与吊臂连接的卯眼。用同样的方法在大矩形顶端再增加两个宽 2.7mm、高 10mm 的卯眼，如图 12-25 所示。

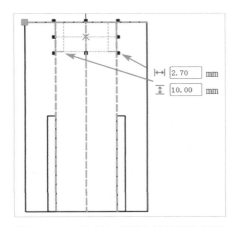

图 12-25　绘制与吊臂连接的两个卯眼

⑭ 吊臂支撑板需要安装到基础车体顶板上。使用"矩形"工具绘制一个宽 10mm、高 2.7mm 的矩形，作为安装的榫头，居中放置在吊臂支撑板的下方。然后选中矩形和吊臂支撑板，单击"并集"工具进行合并，如图 12-26 所示。

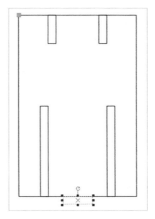

图 12-26　给吊臂支撑板增加一个榫头

⑮ 最后分别点选 4 个矩形卯眼，然后单击"差集"工具，得到吊臂支撑板，如图 12-27 所示。

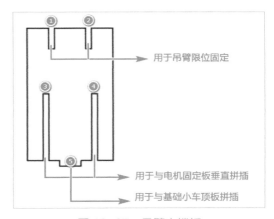

图 12-27　吊臂支撑板

◆ **绘制吊臂**

如图 12-28 所示，吊臂由两块相同的木板组成，每块木板包括长臂和短臂，其中短臂呈水平状态，长臂底部与绞盘连接。缆绳一端与吊钩连接，另外一端与绞缆筒连接，通过绞缆筒的转动带动吊钩的升降。

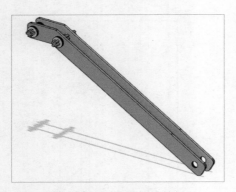

图 12-28　吊臂三维效果

① 用"矩形"工具绘制两个矩形，较长的矩形为长臂，尺寸为宽 250mm、高 20mm；较短的矩形为短臂，尺寸为宽 40mm、高 20mm，如图 12-29 所示。

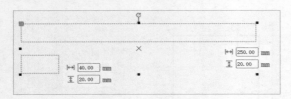

图 12-29　绘制两个矩形

② 用"选择"工具选中较短的矩形，将其逆时针旋转30°（在"旋转"的框内输入"−30"）。然后将旋转后的矩形移动到较长矩形的左上角，如图 12-30 所示。再选中这两个矩形，单击"并集"工具，将它们合并为一个整体。

图 12-30　旋转并移动较短的矩形

③ 接下来设计固定吊臂的轴孔。轴孔可以是十字孔，也可以是圆孔。十字孔的连接紧

固性好，圆孔的连接自由度好。这里我们在吊臂的短臂上设计两个十字轴孔，目的是改变缆绳的方向；在长臂的底部设计圆孔，目的是降低安装难度。复制两个减速齿轮组中大齿轮的十字轴孔，放置在吊臂前端，然后用"椭圆"工具绘制一个直径为 8mm 的圆孔，放置在吊臂的后端，如图 12-31 所示。

图 12-31　放置十字轴孔和圆孔

④ 通过复制生成另一个吊臂图形，如图 12-32 所示。

图 12-32　复制生成另一个吊臂

◆ 绘制吊钩

如图 12-33 所示，将吊钩设计成大写英文字母 J 的形状，由 2 块弯钩木板和 1 块矩形木板通过榫卯结构拼插而成。在矩形木板上预留 6 个孔，中间 2 个孔用于连接缆绳，其余 4 个孔加装螺栓、螺母，增加吊钩的自重。

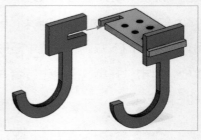

图 12-33　吊钩三维效果

① 首先绘制吊钩上部的矩形木板。用"矩形"工具绘制一个宽20mm、高40mm的矩形。接着用"椭圆"工具绘制一个直径为3mm的圆，选中圆后单击"阵列"工具旋转"矩形阵列"，设置"水平个数"为2，"水平间距"为8mm，"垂直个数"为3，"垂直间距"为8mm，单击"确认"按钮，生成6个圆孔，如图12-34所示。

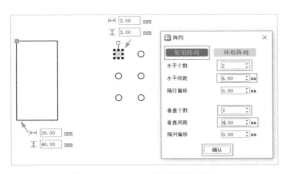

图12-34　绘制矩形和圆孔

② 将6个圆孔组成群组，使用"对齐工具箱"将其与矩形水平、垂直居中对齐，如图12-35所示。

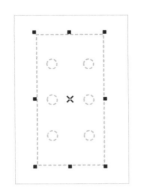

图12-35　对齐矩形和圆孔

③ 在矩形的两侧绘制两个卯眼用于连接弯钩木板。用"矩形"工具绘制两个宽10mm、高2.7mm的矩形，两个矩形垂直对齐，距离为30mm。将它们放置在大矩形左侧的居中位置，如图12-36所示。

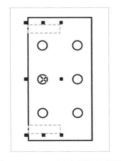

图12-36　绘制两个卯眼

④ 接下来设计弯钩木板，大家思考一下，用什么样的方法可以实现弯钩的绘制？这里介绍一种比较常规的方法，将半圆与矩形合并成一个字母J的图形。还可以直接输入一个大写字母J，这样的思路也很好，感兴趣的朋友可以试一试。

用"椭圆"工具分别绘制两个直径为30mm和20mm的圆，并将它们的圆心重合。再绘制一个宽30mm、高15mm的矩形，放置在同心圆上，让矩形的上边与圆相切，如图12-37所示。

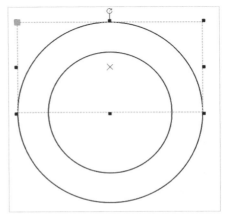

图12-37　绘制同心圆和矩形

⑤ 使用"差集"工具，得到同心圆图形的一半，如图 12-38 所示。

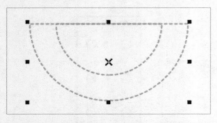

图 12-38　裁剪后余下的同心圆图形

⑥ 选中其中小的半圆，然后单击"差集"工具，得到一个半环形，如图 12-39 所示。

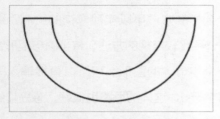

图 12-39　半环形

⑦ 用"矩形"工具绘制一个宽 5mm、高 15mm 的矩形，放置在半环形的右上方，如图 12-40 所示。

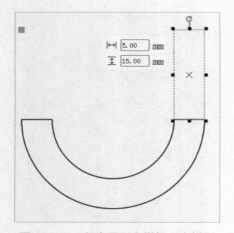

图 12-40　在半环形上增加一个矩形

⑧ 接着绘制弯钩上方部分。用"矩形"工具绘制一个宽 20mm、高 15mm 的矩形和一个宽 10mm、高 2.7mm 的小矩形，选中这两个矩形，然后单击"对齐工具箱"中的"右对齐"和"垂直居中对齐"，如图 12-41 所示。

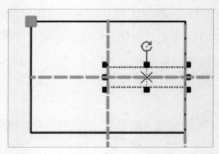

图 12-41　绘制弯钩上方部分

⑨ 用"并集"工具将弯钩的各部分图形合并，如图 12-42 所示，并用"差集"工具完成上方的卵眼。

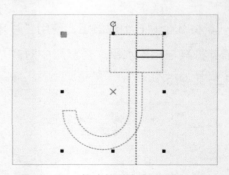

图 12-42　将弯钩的各部分图形合并

⑩ 通过复制生成另一个弯钩图形，如图 12-43 所示。

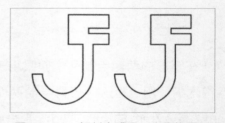

图 12-43　复制生成另一个弯钩图形

◆ 排版

将各个零件拖曳到合适的位置，删除多余的部分，更改图层，进行排版，得到最终的加工图纸，如图 12-44 所示。

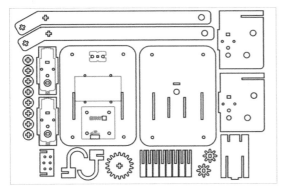

图 12-44　起吊车的图纸

12.4　激光加工

设置加工工艺后，用激光切割机切割板材，切割后得到的实物如图 12-45 所示。

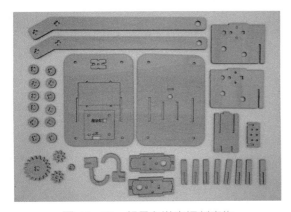

图 12-45　起吊车激光切割实物

12.5　组装模型

12.5.1　电路连接

起吊车的电路连接如图 12-46 所示。

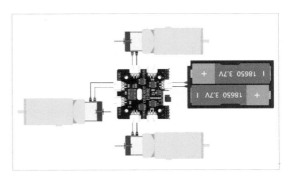

图 12-46　电路连接示意

12.5.2　结构组装

模型组装的具体步骤如下（见图 12-47~图 12-51）。

第 1 步，取出两个电机固定板、一个吊臂支撑板，以及电机和螺栓、螺母。

第 2 步，将两个电机固定板安装在电机的两侧，用螺栓、螺母固定，然后将吊臂支撑板由上而下插在电机固定板的卯眼中。

第 3 步，取出组成十字轴的两个木板和两个十字孔轴套。

第 4 步，将拼装好的十字轴穿过电机固定板上的圆孔和十字孔轴套，让两个轴套位于两个电机固定板之间。

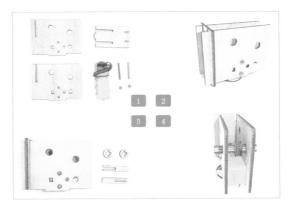

图 12-47　结构组装第 1 步～第 4 步

第5步，取出齿轮和对应轴套。

第6步，将大齿轮安装在十字轴上后，在十字轴两端加上十字孔的轴套，以免转轴松动。将小齿轮安装在电机的转轴上。

第7步，取出组装吊臂所需的零件。

第8步，注意吊臂前端的第一个十字轴也要穿过两个十字孔的轴套。安装好十字轴后，在其两边都用十字孔的轴套进行固定。

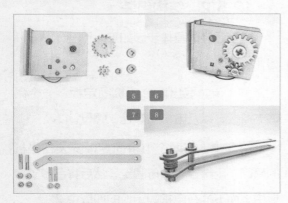

图12-48　结构组装第5步～第8步

第9步，取出组装好的吊臂、绞盘和一组十字轴零件。

第10步，用组装好的十字轴穿过绞盘和吊臂末端的圆孔，将两者固定。

第11步，取出基础车体的顶板。

第12步，将绞盘固定支架底部的榫头插入车体顶板的卯眼中，将绞盘中的电机导线穿过顶板上预留的圆孔。

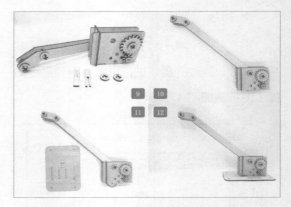

图12-49　结构组装第9步～第12步

第13步，取出基础车体剩下的部分和螺栓。

第14步，先将绞盘中的电机导线与接收器连接，然后将车体顶板安装到车体上，用4个螺栓将顶板与底板的螺栓铜柱固定。

第15步，取出组装吊钩的零件。

第16步，组装吊钩，再将4组螺栓、螺母分别安装在两侧的圆孔上，目的是增加吊钩的重量，可根据实际情况增加螺母，改变吊钩的配重。

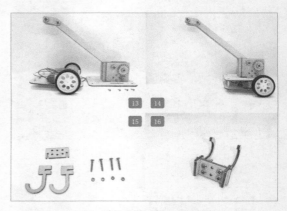

图12-50　结构组装第13步～第16步

第 17 步，将缆绳穿过吊钩矩形木板中心处的两个圆孔。

第 18 步，将缆绳的一端绕过吊臂前端十字轴上的两个圆形轴套之间的空隙，改变两个轴套之间距离，让轴套夹住绳子，这样缆绳一端就连到吊臂上了。

第 19 步，将缆绳的另一端从下往上穿过吊臂前端的第二根十字轴。

第 20 步，缆绳穿过第二根十字轴后，与绞盘上的十字孔轴套连接。

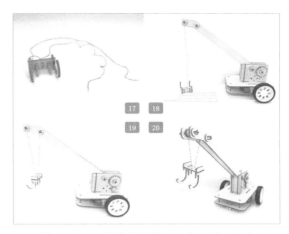

图 12-51　结构组装第 17 步～第 20 步

12.6　总结

如图 12-52 所示，本项目将缆绳安装在吊臂十字轴上，通过与电机相连的齿轮的传动带动十字轴转动，改变缆绳的长度，从而实现吊钩的升降。

12.7　思考拓展

在实践过程中，尽管我们已经增加了吊钩的重量，但吊钩没有连接物品时，有时会出现飘移的状况。对于这个问题，大家有没有好的解决办法呢？

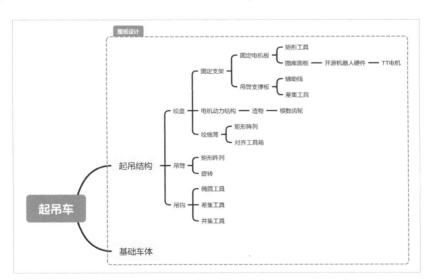

图 12-52　起吊车项目总结思维导图